# 建筑给排水及采暖工程施工
# 常见质量问题及预防措施

李明海　张晓宁　张　龙　　编著
鲁　娟　刘慧军　赵欣悦

U0340721

中国建材工业出版社

图书在版编目（CIP）数据

建筑给排水及采暖工程施工常见质量问题及预防措施/
李明海等编著．--北京：中国建材工业出版社，2018.3
ISBN 978-7-5160-1742-5

Ⅰ．①建…　Ⅱ．①李…　Ⅲ．①给排水系统—建筑安装
工程—工程施工　②采暖设备—建筑安装工程—工程施工
Ⅳ．①TU82　②TU832

中国版本图书馆 CIP 数据核字（2017）第 003190 号

## 内 容 简 介

　　随着社会经济发展进程的加快，现代化城市的基础设施、建筑工程建设如火如
荼，建筑给排水及采暖工程是建筑工程的一个重要组成部分，安装质量直接影响建
筑项目投入后的使用功能。本书较全面地分析了建筑给排水及采暖工程施工中常见
质量问题的类型，并提出了预防及改进措施。主要内容包括：室内供水、排水系
统、室内卫生器具的安装、室内采暖系统、消防自喷灭火系统以及管道预留孔洞、
焊接质量、支吊架制作、管道刷漆等。

　　本书内容丰富，论述全面，理论联系实际，采用了大量的施工现场照片为实
例，有较强的实用性和较高的研究性，可作为建设行业主管部门、建设单位、建筑
企业、工程监理等部门工程技术人员和管理人员的参考书，也可作为高等院校相关
专业的教科书。

**建筑给排水及采暖工程施工常见质量问题及预防措施**

李明海　张晓宁　张　龙　鲁　娟　刘慧军　赵欣悦　编著

出版发行：中国建材工业出版社
地　　址：北京市海淀区三里河路 1 号
邮　　编：100044
经　　销：全国各地新华书店
印　　刷：北京鑫正大印刷有限公司
开　　本：787mm×1092mm　1/16
印　　张：6.75
字　　数：160 千字
版　　次：2018 年 3 月第 1 版
印　　次：2018 年 3 月第 1 次
定　　价：**29.80 元**

本社网址：www.jccbs.com　　微信公众号：zgjcgycbs
本书如出现印装质量问题，由我社市场营销部负责调换。联系电话：(010)88386906

# 前　　言

　　建筑给排水及采暖工程是建筑工程的一个重要组成部分，随着城市建设的快速发展，人民的生活质量不断提高，在建筑安装工程中，给排水及采暖工程的安装施工质量，是关系到产品的安全使用功能、稳定运行的关键方面。当前，在全国各地建筑施工企业，普遍开展了工程质量"创优夺杯"的活动，加强企业质量管理，提高工程质量，已是施工企业立足之本。

　　由于建筑给排水及采暖安装施工周期较长，间断性施工安装较多，很多的施工工序不能一次性完成，因此，在施工过程中，工程质量事故时有发生，质量通病经常出现，如何处理和解决好这些问题，是施工技术人员需要深入思考和付出努力的。为了确保工程质量，创造更多的优良工程，本书根据作者长期的施工、验收经验，根据现行施工技术标准及质量验收规范要求，以建筑给排水及采暖工程为分析对象，汇集总结了各建设单位、施工单位及有关专家近年来整治和处理建筑给排水及采暖施工中一些常见的质量通病，进行了收集整理，分析了产生的原因，提出了预防措施及治理方法。所有示例做法均采用来自施工一线的现场实例照片，选材得当、内容详实、图文并茂，生动地展示了文中描述的各种问题和防治效果，使得问题的防治更加形象化、标准化、具体化。该质量通病，仅涉及建筑给排水及采暖安装工程，难免会有遗漏及不足之处，加之作者水平有限，不到之处，望广大同行给予批评指正。

　　本书具有针对性强、适用面宽、简明扼要、图文并茂的特点，对治理和防治建筑给排水及采暖施工质量通病有一定的指导作用，对提高工程质量水平有一定的借鉴作用。本书可供建筑给排水行业的专业技术人员阅读和参考，也可作为大专院校相关专业的教材或参考书。

编　者
2018 年 1 月

# 目　　录

# 1　室内供水系统

## 1.1　供水管甩口不准

### 1．不符合现象

甩口不准，不能满足管道继续安装对坐标和标高的要求。

### 2．产生原因

（1）管道安装前，对管道整体安装考虑不周全。
（2）管道安装后固定不及时、不牢固而发生其他工种施工对管道的碰撞移位。
（3）墙面砌体及装饰装修施工偏差过大。

### 3．相关验收规范

《建筑给水排水及采暖工程施工质量验收规范》（GB 50242—2002）要求如下：
3.3.1　建筑给水、排水及采暖工程与相关各专业之间，应进行交接质量检验，并形成记录。

### 4．预防措施

（1）管道预留口时，应依据设计图纸并结合土建施工图纸对管道的留口标高、位置进行复核，同时进行二次优化设计。
（2）关键部位的留口位置应详细计算确定。
（3）根据土建施工中的轴线、装修尺寸变化及时调整确定。
（4）对已安装管道及时进行固定。

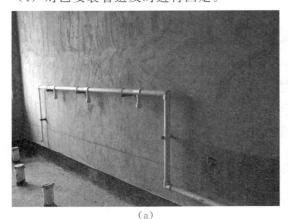
（a）

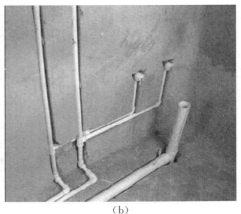
（b）

图 1-1　给水支管甩口准确

## 1.2 供水管道流水不畅或堵塞

### 1. 不符合现象

流水不畅，流量小，无压力，甚至有堵塞。

### 2. 产生原因

（1）管道安装前，未清除管内杂物、脏物。
（2）管道切断后，断口面毛刺未刮除。
（3）管道连接时，丝口上生料带或麻丝挤入管内。
（4）阀门开启失灵。
（5）施工中断时，管口未封堵，杂物进入管内。
（6）通水前，管道未冲洗或冲洗不干净。

### 3. 相关验收规范

《建筑给水排水及采暖工程施工质量验收规范》（GB 50242—2002）要求如下：

4.2.3 生活给水系统管道在交付使用前必须冲洗和消毒，并经有关部门取样检验，符合国家《生活饮用水标准》方可使用。

检验方法：检查有关部门提供的检测报告。

### 4. 预防措施

（1）管道安装连接时，应仔细检查管内是否有脏物、杂物，并进行清除。
（2）管道切断后应清除管口毛刺，丝口生料带、麻丝要按螺纹顺时针方向缠绕，不得将生料带、麻丝挤入管内。
（3）在施工中断时，管口、预留管口应做好临时封堵。
（4）检查阀门中的开启筏板是否有脱落或失灵现象，管道安装完毕按规范要求对管道进行试压及冲洗。
（5）管道系统在交付使用前，应认真对管内杂物进行冲洗。

## 1.3 管道穿伸缩缝、沉降缝不符合要求

### 1. 不符合现象

建筑物在发生伸缩、沉降时，管道扭曲变形或断裂，安装的管道达不到使用功能。

### 2. 产生原因

（1）未按设计及规范要求施工。

图 1-2 管道穿伸缩缝未加补偿器，管道变形

（2）建筑物的沉降、伸缩对安装管道的危害性认识不足。

## 3. 相关验收规范

《建筑给水排水及采暖工程施工质量验收规范》（GB 50242—2002）要求如下：

3.3.4 管道穿过结构伸缩缝、抗震缝及沉降缝敷设时，应根据情况采取下列保护措施：

1. 在墙体两侧采取柔性连接。

2. 在管道或保温层外皮上下部留有不小于150mm的净空。

3. 在穿墙处做成方形补偿器，水平安装。

## 4. 预防措施

（1）加装满足伸缩、沉降量的套管。

（2）伸缩缝、沉降缝两端管道安装柔性金属软管。

（3）在伸缩缝、沉降缝处加装方形补偿器，且水平安装。

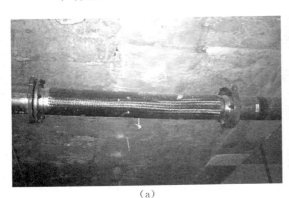

（a）　　　　　　　　　　　　　　　　　（b）

图 1-3 管道过伸缩缝加设补偿器

# 1.4　管道套丝丝扣不符合要求

## 1. 不符合现象

管道丝扣连接后，丝扣渗漏，造成返工。

## 2. 产生原因

（1）套丝丝扣过长或过短，锥度不合适。

（2）丝扣有乱丝断丝。

## 3. 相关验收规范

《建筑给排水及采暖工程施工质量验收规范》（GB 50242—2002）要求如下：

3.3.15　（5）连接法兰的螺栓，直径和长度应符合标准，拧紧后，突出螺母的长度不应大于螺杆直径的1/2。

（6）螺纹连接管道安装后的管螺纹根部应有2～3扣的外露螺纹，多余的麻丝应清理干净并做防腐处理。

## 4. 预防措施

（1）在管道套丝时，无论是手工或机械套丝，均应根据管径规格，选用相对应的套丝板牙，并按设备上的套丝操作标示，调整固定好板牙。

（2）套丝时不能一次完成，根据管径规格分2～3次完成套丝，套丝操作前管头应滴入机油。

（3）套丝丝扣长度应适宜，以管道连接后外露2～3丝扣为宜。

# 1.5　阀门选型、安装不符合要求

## 1. 不符合现象

（1）阀门未按用途要求选购。

（2）阀门安装错误，达不到使用功能。

（3）阀门安装后不便操作及维修。

## 2. 产生原因

（1）缺少阀门安装应用知识，对阀门的性能、使用功能、用途不了解。

（2）未考虑阀门安装后操作和维修。

## 3. 相关验收规范

《建筑给排水及采暖工程施工质量验收规范》（GB 50242—2002）要求如下：

非三通旋塞

图 1-4　阀门选型错误

图 1-5　阀门无法正常开启

4.2.8　成排阀门在同一平面上安装间距的允许偏差为 3mm。

## 4. 预防措施

（1）阀门选型应依据管内介质、压力、用途选用不同类型的阀门。

（2）一般情况下，截止阀起调节流量作用。闸阀、球阀起关闭作用。止回阀起防倒流作用。

（3）升降止回阀应水平安装，旋启式止回阀要保证阀内摇板旋转轴呈水平，减压阀直立安装在水平管上，不得倾斜。

（4）阀门安装时，阀体箭头所示应与介质流向一致。

（5）阀门的手轮应朝上，或 45°倾斜，不得朝下，安装位置以不影响行人安全，并便于操作，维修。

（6）立管上的阀门安装高度宜为 1.5～1.8m 之间，水平干管阀门安装应不影响吊顶、装修及便于开启维修。

图 1-6　阀门选型正确，操作方便

## 1.6　PPR 管、塑料复合管管道、管件热熔接口渗漏

### 1. 不符合现象

管道通水后，热熔管口管件渗漏，甚至管件脱落。

图 1-7　热熔管道接口渗漏

### 2. 产生原因

（1）在管道、管件热熔时，未按工艺的要求进行操作。
（2）热熔管道、管件热熔深度不够。
（3）支架固定间距过大，不牢固。

### 3. 相关验收规范

《建筑给水排水及采暖工程施工质量验收规范》（GB 50242—2002）要求如下：

3.3.9 采暖、给水及热水供应系统的塑料管及复合管垂直或水平安装的支架间距应符合表3.3.9的规定。采用金属制作的管道支架，应在管道与支架间加衬非金属垫或套管。

表3.3.9 塑料管及复合管管道支架的最大间距

| 公称直径（mm） | | 12 | 14 | 16 | 18 | 20 | 25 | 32 | 40 | 50 | 63 | 75 | 90 | 110 |
|---|---|---|---|---|---|---|---|---|---|---|---|---|---|---|
| 支架最大间距（m） | 立管 | 0.5 | 0.6 | 0.7 | 0.8 | 0.9 | 1.0 | 1.1 | 1.3 | 1.6 | 1.8 | 2.0 | 2.2 | 2.4 |
| | 水平管 冷水管 | 0.4 | 0.4 | 0.5 | 0.5 | 0.6 | 0.7 | 0.8 | 0.9 | 1.0 | 1.1 | 1.2 | 1.35 | 1.55 |
| | 热水管 | 0.2 | 0.2 | 0.25 | 0.3 | 0.3 | 0.35 | 0.4 | 0.5 | 0.6 | 0.7 | 0.8 | — | — |

3.3.15 管道接口应符合下列规定：

2. 熔接连接管道的结合面应有一均匀的熔接圈，不得出现局部熔瘤或熔接圈凹凸不匀现象。

4.1.2 给水管道必须采用管材相适应的管件。生活给水系统所涉及的材料必须达到以饮用水卫生标准。

## 4. 预防措施

（1）管道安装中，应使用同一厂家，统一品牌的管材及管件。严禁不同品牌及不同厂家的产品混合使用。

（2）管材切断时，应使用专用工具切断，管口断面应垂直于管轴线。

（3）管口杂物应清理干净，热熔前应将管材、管件表面清理干净。

（4）配管后在管材插入端做出承插深度标记，并依据管径管件的规格，使用相匹配的热熔模具。

（5）热熔时，应依据热熔技术要求的参数，控制好管材、管件的加热，冷却时间，在达到加热时间后，迅速将管材管件从加热磨具取下，无旋转地均匀插入到所标记的深度，使接头处形成均匀的凸缘。

（6）热熔连接时应一次到位，不得将管材、管件反复连续转动调正。

（7）管道支架固定间距应符合规范要求。

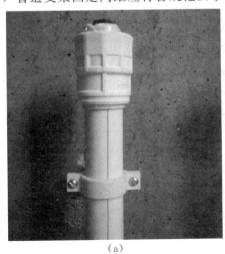
（a）

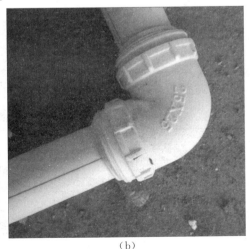
（b）

图 1-8 热熔深度良好、美观

# 1.7 丝扣阀门及可拆卸管件漏水

## 1. 不符合现象

管道使用后，阀门阀杆、压盖及丝口管件滴漏水。

图 1-9 阀门渗水

## 2. 产生原因

（1）阀杆压盖内填料干燥松散，不密实。

（2）压盖未压紧。

（3）管件丝扣偏丝、断丝、砂眼。

## 3. 相关验收规范

《建筑给水排水及采暖工程施工质量验收规范》（GB 50242—2002）要求如下：

3.2.5 阀门的强度和严密性试验，应符合以下规定：阀门的强度试验压力为公称压力的1.5倍；严密性试验压力为公称压力的1.1倍；试验压力在试验持续时间内保持不变，且壳体填料及阀瓣密封面无渗漏。阀门试压的试验持续时间应不少于表3.2.5的规定。

表 3.2.5 阀门试验持续时间

| 公称直径 DN（mm） | 最短试验持续时间（s） | | |
| --- | --- | --- | --- |
| | 严密性试验 | | 强度试验 |
| | 金属密封 | 非金属密封 | |
| ≤50 | 15 | 15 | 15 |
| 65～200 | 30 | 15 | 60 |
| 250～450 | 60 | 30 | 180 |

## 4. 预防措施

（1）阀门安装前应对阀门进行抽检，进行水压测试，同时进行外观检查。

（2）阀门安装后，检查压盖内填料是否完好、紧密并严实，压盖是否紧固，手轮开启阀门是否灵活。

（3）可拆卸管件应无砂眼，丝扣无断丝、乱丝及偏丝现象。

（4）可拆卸管件内置密封垫无撕裂破损，放置应平整无扭曲，密封垫材质符合管内介质要求。

（5）管件紧固不得用力过猛。

图 1-10　阀门安装得当

# 1.8　管道沟槽卡箍连接，卡箍接头渗漏

## 1. 不符合现象

管道连接后，卡箍接头滴水渗漏，地面积水。

## 2. 产生原因

（1）管道切割管口断面不平整。

（2）管口滚压沟槽深度及管口沟槽与卡箍内沟槽尺寸不符合要求。

## 3. 相关验收规范

《建筑给水排水及采暖工程施工质量验收规范》（GB 50242—2002）要求如下：

3.3.15 管道接口应符合下列规定：

8. 卡箍（套）式连接两管口端应平整、无缝隙，沟槽应均匀，卡箍螺栓后管道应平直，卡箍（套）安装方向应一致。

**4. 预防措施**

（1）管道连接前，管口断面切割应平整与管材轴线垂直，管口应刮掉毛刺。

（2）管口滚压的沟槽深度、宽度，与卡箍沟槽的距离应符合卡箍连接的技术要求。

（3）卡箍内柔性胶圈应放置平整，不得扭曲变形及破损。

（4）卡箍螺栓紧固受力应均匀。

图 1-11　卡箍安装无缝隙

图 1-12　卡箍螺栓受力均匀

# 1.9　法兰阀门关闭不严

**1. 不符合现象**

阀门使用后，关闭不严，起不到切断作用。

**2. 产生原因**

（1）阀门安装时，杂物进入阀腔，阀座堵塞阀芯。

（2）阀瓣与阀杆连接不牢，脱落松动，阀杆弯曲变形。

（3）阀门关闭过快，用力过猛，密封面受损。

**3. 相关验收规范**

《建筑给水排水及采暖工程施工质量验收规范》（GB 50242—2002）要求如下：

3.2.4　阀门安装前，应作强度和严密性实验。实验应在每批（同牌号、同型号、同规格）数量中抽查 10%，且不少于一个。对于安装在主干管上起切断作用的闭路阀门，应逐个做强度和严密性实验。

### 4. 预防措施

（1）阀门进场后，应抽检阀门总数的 10% 进行耐水压实验，起切断作用的阀门，必须逐一进行水压试验。

（2）阀门安装前，进行外观检查，将阀体内的杂物清理干净。

（3）阀杆弯曲变形应进行调直，同时检查阀瓣与阀杆连接的牢固性。

（4）阀门在搬运及吊装时，不得乱扔乱放，野蛮搬运。

（5）吊装阀门时，绳索应系在阀体上，不得系在阀杆或手轮柄上。

# 1.10  阀门杆、压盖填料处冒、滴水

### 1. 不符合现象

阀门安装通水后，阀门杆及压盖处渗漏。

### 2. 产生原因

（1）阀门阀杆及压盖内填料干燥老化或松散。

（2）阀杆与填料间产生间隙，填料接触不严密，填料选用不恰当。

（3）压盖有砂眼、螺栓松动、滑丝。

（4）阀门启闭用力过猛。

### 3. 相关验收规范

《建筑给排水及采暖施工质量验收规范》（GB 50242—2002）要求如下：

3.2.5  阀门的强度和严密性实验，应符合下列规定：阀门的强度试验压力为公称压力的 1.5 倍；严密性试验压力为公称压力的 1.1 倍；试验压力在实验持续时间内应保持不变，且壳体填料及阀瓣密封面无渗漏。

### 4. 预防措施

（1）阀门安装前，检查阀杆压盖是否紧密完好，压盖内填料是否干燥老化、松散。

（2）填料是否应与阀门的工作介质相适应。一般丝扣阀门压盖内填料为石棉绳，法兰阀门的填料为石棉油盘根。

（3）填料干燥老化，应重新更新更换填料，使填料紧密严实，填料的接缝处错开填满，同时对称压紧压盖。

（4）压盖螺母应拧紧，螺栓滑丝时，应更换螺栓，阀门开启应缓慢平稳。

图 1-13 阀门

# 1.11 法兰盘连接渗漏

## 1. 不符合现象

法兰盘连接处滴水渗漏，地面积水，损坏财物及人身安全。

## 2. 产生原因

(1) 法兰垫材质不符合要求。

(2) 法兰密封面不符合要求。

(3) 法兰垫放置错位不居中。

(4) 法兰螺栓紧固受力不均匀。

## 3. 相关验收规范

《建筑给水排水及采暖工程施工质量验收规范》（GB 50242—2002）要求如下：

3.3.15 管道接口应符合下列规定：

4. 法兰连接时衬垫不得凸入管内，其外边缘接近螺栓扣为宜，不得安放双垫或偏垫。

## 4. 预防措施

(1) 法兰盘的公称压力应与法兰阀门的公称压力相匹配。

(2) 法兰盘密封面的水槽、密封高度应符合相关的技术标准。

(3) 法兰垫片材质依据管内介质选用。冷水采用橡胶板材质，热水、蒸汽采用石棉耐温板材质。

(4) 法兰垫孔径不得大于或小于法兰盘、法兰阀门的内孔径，外径至法兰密封台边沿，且法兰垫应置于两片法兰盘之间，居中安放，无扭曲。通过法兰垫调节手柄进行调正，不得使法兰垫偏放于法兰孔中。

(5) 紧固法兰螺栓时，应对称紧固，分次紧固，受力均匀。严禁依顺序紧固。

图 1-14　法兰与阀门公称压力匹配

# 1.12　法兰螺栓配置不符合要求

## 1. 不符合现象

螺栓杆伸出法兰片长短不一，螺杆直径与法兰螺栓孔径不匹配。

图 1-15　螺栓伸出法兰片长短不一

## 2. 产生原因

螺栓选购前未对法兰螺栓孔径、法兰厚度及法兰垫进行测量计算。

## 3. 相关验收规范

《建筑给水排水及采暖工程施工质量验收规范》（GB 50242—2002）要求如下：

3.3.15　管道接口应符合下列规定：

5. 连接法兰的螺栓，直径和长度应符合标准。拧紧后，凸出螺母的长度不应大于螺杆直径的 1/2。

13

**4. 预防措施**

（1）法兰螺栓的长度、螺栓直径应依据法兰盘的厚度、法兰垫片厚度及法兰螺栓孔径进行测量计算，选用通丝或半丝螺栓。

（2）螺栓紧固后，螺栓外露丝扣为螺杆直径的 1/2，螺杆直径小于螺栓孔径 2mm。

（3）螺栓不宜过长或将螺栓丝扣置于螺母中。

（a）　　　　　　　　　　　　　　　　　（b）

图 1-16　螺栓伸出法兰长短一致，与法兰孔径一致

## 1.13　水表安装不符合要求

**1. 不符合现象**

（1）水表安装在阴暗潮湿部位，造成配件生锈。

（2）紧贴墙面，表盖无法打开。

（3）不便读数、抄表及插卡，不方便维修。

**2. 产生原因**

（1）水表安装时，未考虑水表外壳几何尺寸及使用维修。

（2）水表支管与给水立管连接时，未加装弯头或采用"乙字弯"管段。

（3）水表安装位置不当造成配件生锈，接口渗漏，不便插卡及抄表。

**3. 相关验收规范**

《建筑给水排水及采暖工程施工质量验收规范》（GB 50242—2002）要求如下：

4.2.10　水表应安装在便于检修、不受暴晒、污染和冻结的地方。安装螺翼式水表，标签与阀门应有不小于 8 倍水表接口直径的直线管段。表外壳距墙表面净距为 10～30mm；水表进水口中心标高安装设计要求，允许偏差为 ±10mm。

检验方法：观察和尺量检查。

#### 4. 预防措施

（1）水表不应安装在易冻、潮湿、阴暗、不便插卡及抄表部位。应安装在便于维修，插卡和抄表显眼的位置。

（2）当供水立管与水表支管连接时，支管上应加装两个 45°弯头或采用"乙字弯"管段进行调正。

（3）水表外壳与装饰墙面有 10～30mm 的距离，距地坪的高度为 600～1000mm。

（4）水表与阀门之间还应有不小于 8 倍的水表接口直径的管段距离。

图 1-17　水表支管与给水立管连接加装弯头，方便维修与更换

图 1-18　水表与装饰墙面有足够的距离

# 1.14　管道系统水压试验及严密性试验不符合要求

#### 1. 不符合现象

管道系统运行后，接口产生渗漏，影响正常使用。

### 2. 产生原因

（1）在系统水压试验时，对试压的管道未进行认真检查。

（2）在试验压力表前观察试压时间、压力值，确定管道试压的结果。

### 3. 相关验收规范

《建筑给水排水及采暖工程施工质量验收规范》（GB 50242—2002）要求如下：

3.3.16　各种承压管道系统和设备应做水压试验，非承压管道系统和设备应作灌水实验。

4.2.1　室内给水管道的试压试验必须符合设计要求。当设计未注明时，各种材质的给水管道系统试验压力均为工作压力的1.5倍，但不得少于0.6MPa。

检验方法：金属及复合管给水管道系统在试验压力下观测10min，压力降不应大于0.02MPa。然后降到工作压力进行严查，应不渗不漏；塑料管给水系统应在试验压力下稳压1h，压力降不得超过0.05MPa，然后在工作压力的1.15倍状态下稳压2h，压力降不得超过0.03MPa，同时检查各连接处不得渗漏。

### 4. 预防措施

（1）材质、管内使用介质及工作压力的不同，试验压力、试验时间的不同。因此在管道的压力试验中，应依据设计及规范的要求进行。

（2）当试压至试验压力时，应观察压力表的压力值变化情况，并对管道的系统进行全面检查，然后压力降至工作压力，进行详细认真检查。

（3）如发现接口有渗漏，应拆除管道重新安装，并二次重新试压。

（4）试压完成后，做好试压记录。

(a)　　　　　　　　　　　　　　　　(b)

图 1-19　管道按要求试压

# 1.15　地面下埋设供水管道渗漏

### 1. 不符合现象

（1）管道使用后，地面返潮、积水。

（2）地板及墙缝处冒水。

### 2. 产生原因

（1）管道隐藏前未认真进行水压试验及检查。
（2）管道配件有裂缝及砂眼未及时发现。
（3）管道支墩位置不正确、不牢固、受力不均匀。
（4）管道回填土夯实未按要求程序进行，砖块石块填入造成管道破损，接口渗漏。

### 3. 相关验收规范

《建筑给水排水及采暖工程施工质量验收规范》（GB 50242—2002）要求如下：

4.2.4　室内直埋给水管道（塑料管道和复合管道除外）应做防腐处理。埋地管道防腐层标材质和结构应符合设计要求。

检验方法：观察或局部解剖检查。

3.3.2　隐蔽工程应在隐蔽前经验收各方检验合格后，才能隐蔽，并形成记录。

3.3.6　明装管道成排安装时，直线部分应互相平和。曲线部分：当管道水平或垂直并行时，应与直线部分保持等距；管道水平上下并行时，弯管部分的曲率半径应一致。

### 4. 预防措施

（1）管道回填土隐蔽前，必须按要求进行水压试验，认真检查接口有无渗漏，管道、管件有无裂缝砂眼。
（2）按设计要求做好管道的防腐处理，严禁金属管道进行丝扣连接。
（3）管道支墩间距符合要求，且牢固。接口严实严密。
（4）管道回填土要分层夯实，不得将砖块石块填入夯实，回填土夯实密实度应符合规范要求。

## 1.16　地面下埋设排水管道渗漏

### 1. 不符合现象

（1）地面返潮积水。
（2）墙缝、墙板潮湿，有水印现象。

### 2. 产生原因

（1）管道隐蔽前未认真进行灌水试验及检查。
（2）管道支墩位置不合适，不牢固。
（3）管道周围回填土未夯实，夯实时管道受压，接口渗漏。

### 3. 相关验收规范

《建筑给水排水及采暖工程施工质量验收规范》（GB 50242—2002）要求如下：

3.3.16 各种承压管道系统和设备应做水压试验，非承压管道系统和设备应做灌水试验。

5.2.1 隐蔽或埋地的排水管道在隐蔽前必须做灌水试验，其灌水高度应不低于底层卫生器具的上边缘或底层地面高度。

检验方法：满水 15min 水面下降后，再灌满观察 5min，液面不降，管道及接口无渗漏为合格。

## 4. 预防措施

（1）管道回填土隐蔽前，应按要求进行灌水实验，灌水时间 15min，并检查接口及管内水液面的变化情况。液面水位无变化，无下降则为合格。

（2）管道的支墩设置符合要求，并牢固。坡向、坡度正确。

（3）管道的接口严实，并做好管道接口的养护。

（4）管道周围回填土应分层进行夯实，不得将石块、砖块填入管道周围。回填土时，不得直接碰撞管道，以防管道接口的松动。

# 1.17  生活消防用水管使用同一供水管道

## 1. 不符合现象

（1）生活用水颜色发黄、浑浊、有气味。

（2）水质污染。

## 2. 产生原因

（1）管道安装连接错误。

（2）消防、生活用水合一。

（3）无水箱大便器冲洗管上未设置防污器。

## 3. 相关验收规范

《建筑给水排水及采暖工程施工质量验收规范》（GB 50242—2002）要求如下：

4.1.2 给水管道必须采用管材相适应的管件。生活给水系统所涉及的材料必须达到以饮用水卫生标准。

4.2.3 生产给水系统管道在交付使用前必须冲洗和消毒，并经有关部门取样检验，符合国家《生活饮用水标准》方可使用。

检验方法：检查有关部门提供的检测报告。

## 4. 预防措施

（1）生活供水管道、消防供水管道应分别为独立的供水系统，二者不得互相连接。

（2）生活供水管道的材质应为铝塑管、钢塑复合管、不锈钢管、PE、PPR 管及相匹配的连接管体。严禁使用焊接管、镀锌管。

（3）无水箱大便器冲洗管不得直接与大便器相连接，中间需加装防污器装置。

（4）生活供水蓄存水箱板材应为不锈钢板，并应定期进行消毒、排污。

（5）管道安装后应按规定进行管道冲洗、消毒。

# 1.18　明装管道、成排管道安装不符合要求

## 1. 不符合现象

（1）管道不顺直、垂直度偏差大。

（2）成排管道管之间相互间距不一致，不平行。

（3）支架固定型式不统一。

## 2. 产生原因

（1）管道安装时未使用测量工具吊线拉线。

（2）未进行管道的综合排布。

（3）支架的加工粗糙。

## 3. 相关验收规范

《建筑给水排水及采暖工程施工质量验收规范》（GB 50242—2002）要求如下：

3.3.6　明装管道成排安装时，直线部分应互相平和。曲线部分：当管道水平或垂直并行时，应与直线部分保持等距；管道水平上下并行时，弯管部分的曲率半径应一致。

4.2.8　给水道和阀门安装的允许偏差应符合表 4.2.8 的规定。

表 4.2.8　管道和阀门安装的允许偏差和检验方法

| 项次 | 项目 | | | 允许偏差（mm） | 检验方法 |
|---|---|---|---|---|---|
| 1 | 水平管道纵横方向弯曲 | 钢管 | 每米 | 1 | 用水平尺、直尺、拉线和尺量检查 |
| | | | 全长 25m 以上 | $\not>$25 | |
| | | 塑料复合管 | 每米 | 1.5 | |
| | | | 全长 25m 以上 | $\not>$25 | |
| | | 铸铁管 | 每米 | 2 | |
| | | | 全长 25m 以上 | $\not>$25 | |
| 2 | 立管垂直度 | 钢管 | 每米 | 3 | 吊线和尺量检查 |
| | | | 5m 以上 | $\not>$8 | |
| | | 塑料复合管 | 每米 | 2 | |
| | | | 5m 以上 | $\not>$8 | |
| | | 铸铁管 | 每米 | 3 | |
| | | | 5m 以上 | $\not>$10 | |
| 3 | 成排管段和成排阀门 | 在同一平面上间距 | | 3 | 尺量检查 |

### 4. 预防措施

（1）竖向管道的安装应采用线垂吊法，尺子测量。保证管道安装的垂直度。

（2）成排管道的安装应计算，画出安装大样图，管间距均匀一致，保温管与不保温管之间间距应协调，不得影响后期的维修。

（3）横向管道的安装应使用水平尺测量拉线定位安装支架、管道。

（4）当水平管与垂直管进行连接时，直线管段应保持同一间距，且管弯曲半径应一致。

（5）支架的型式、安装朝向一致，成排管道经排布尽量采用公用支架。

（a）　　　　　　　　　　　　　　　　（b）

图 1-20　成排管道安装顺直

## 1.19　冷热水管道安装不符合要求

### 1. 不符合现象

（1）管道错位安装，存在安全隐患。

（2）维修困难。

### 2. 产生原因

（1）不熟悉施工验收规范。

（2）责任心不强，安装随意。

### 3. 相关验收规范

《建筑给水排水及采暖工程施工质量验收规范》（GB 50242—2002）要求如下：

4.1.8　冷、热水管道同时安装应符合下列规定：

1. 上、下平行安装时热水管就在冷水管上方。

2. 垂直平行安装时热水管应在冷水管左侧。

### 4. 预防措施

（1）安装冷热水管道时，如垂直安装，热水管应在左侧，冷水管应置于右侧。上下平行

20

安装时，热水管在上边，冷水管在下边。

（2）管道平行安装，当冷热水龙头在同一高度时，冷水支管应采用弯头翻弯或煨压"元宝弯"进行处理。

# 1.20　供水、排水管道平行、交叉，间距不符合要求

## 1. 不符合现象

（1）两管间距距离近，维修困难。
（2）生活水质污染。

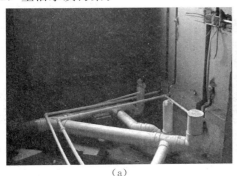 

（a）　　　　　　　　　　　　　　　　　　（b）

图 1-21　给水管道与排水管道间距过近

## 2. 产生原因

（1）安装管道空间位置小。
（2）安装前未进行实际测量排布。

## 3. 相关验收规范

《建筑给水排水及采暖工程施工质量验收规范》（GB 50242—2002）要求如下：

4.2.5　给水引入管与排水排出管的水平净距不得小于 1m。室内给水与排水管道平行敷设时，两管间的最小水平净距不得小于 0.5m；交叉铺设时，垂直净距不得小于 0.15m。给水管应铺在排水管上面，若给水管必须铺在排水管下面时，给水管应加套管，其长度不得小于排水管管道径的 3 倍。

## 4. 预防措施

（1）管道安装前，参考管道平面布置图，结合现场实际情况进行计算，通过排布画出管道安装尺寸大样图。

（2）在不影响管道安装使用功能、装饰装修情况下，改变、调整管道的走向、标高及位置，报设计单位签字认可。

（3）在给水、排水管平行并排安装时，两管水平间距应不小于 0.5m。交叉安装时，垂直净距离应不小于 0.15m。若给水管敷设排水管下方，则应在给水管道上加装套管。套管长度不小于排水管径的 3 倍。

# 1.21 设备基础质量缺陷

## 1. 不符合现象

(1) 混凝土浇灌不密实，外表蜂窝麻面。

(2) 外形尺寸偏差大，不方不正。

(3) 成排基础不在一条直线，同一平面，偏差较大。

(4) 地脚螺栓预留孔洞不精确，且深度不够。

(5) 基础混凝土强度不够。

## 2. 产生原因

(1) 基础施工完后未按程序验收。

(2) 混凝土浇灌时振捣不密实。

(3) 混凝土浇灌前对设备基础的坐标标高尺寸未进行复核检查。

(4) 混凝土浇筑前设备基础上的预留孔洞与实物（供货商提供的预留孔洞图）未进行实际测量核对。

## 3. 相关验收规范

《建筑给水排水及采暖工程施工质量验收规范》（GB 50242—2002）要求如下：

4.4.1 水泵就位前的基础混凝土强度、坐标、标高、尺寸和螺栓孔位置必须符合设计规定。

检验方法：对照图纸用仪器和尺量检查。

## 4. 预防措施

(1) 设备基础施工结束后，应按要求进行验收，并办理交接手续。

(2) 基础位置确定放线后，应对放线后的尺寸、位置进行二次复核，并确认。

(3) 成排设备基础应在同一条直线，高度应在同一平面，表面过高或过低，应有补救措施，设备基础的外表面应压光处理，棱角线条应顺直。

(4) 设备基础的设备固定预留孔洞深度、孔距应准确，满足设备安装的要求。

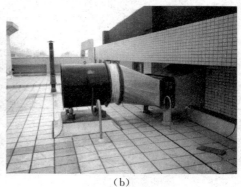

(a)　　　　　　　　　　　　　(b)

图 1-29　设备基础牢固

# 1.22　水泵启动后不出水

## 1. 不符合现象

（1）水泵启动后不吸水。

（2）压力表、真空表指针摆动剧烈，指针不稳定。

## 2. 产生原因

（1）吸水管倒坡存气。

（2）吸水管及真空表管漏气。

（3）泵体有砂眼及气孔。

（4）吸水管内未灌水。

## 3. 相关验收规范

《建筑给排水及采暖工程施工质量验收规范》（GB 50242—2002）要求如下：

4.4.1　水泵就位前的基础混凝土强度、坐标、标高、尺寸和螺栓孔位置必须符合设计规定。

检验方法：对照图纸用仪器和尺量检查。

4.4.2　水泵试运转的轴承温升必须符合设备说明书的规定。

检验方法：温度实测检查。

## 4. 预防措施

（1）安装吸水管时，应有不小于 0.005 的坡度坡向水泵吸水口，并用偏心上平减缩管与泵口相连。

（2）水泵启动前，打开灌水阀门，将吸水管灌满水。

（3）仔细检查泵、管、表管有无漏气，如有漏气，可用铅块（丝）进行密实封堵。

# 1.23　水泵运行中，水泵、管道震动，噪声大

## 1. 不符合现象

水泵、水管振动严重，声音大。

## 2. 产生原因

（1）水泵固定螺栓松动。

（2）泵轴与电机轴不同心。

（3）出水管道未设支架。

### 3. 相关验收规范

《建筑给水排水及采暖工程施工质量验收规范》（GB 50242—2002）要求如下：

4.4.2  水泵试运转的轴承温升必须符合设备说明书的规定。

检验方法：温度计实测检查。

4.4.6  立式水泵的减震装置不应采用弹簧减震器。

检验方法：观察检查。

### 4. 预防措施

（1）检查水泵固定地脚螺栓是否紧固，弹簧垫、垫片是否配置齐全。

（2）加装减震垫或减震装置。

（3）水泵出水口与进水管之间应安装橡胶软接头。

（4）出水管道应安装管道固定支架。

（5）检测调正泵轴、电机轴使其同芯或更换轴承。

（a）                                    （b）

图 1-23  设备加装减震装置

# 2  室内排水系统

## 2.1  排水管道预留口不准

### 1. 不符合现象

（1）管道安装后，立管距墙过近或过远。

（2）预留口与卫生器具、设备的排水口实际安装尺寸不符，预留下水口与设备器具排水口无法连接。

（3）卫生间排水立管甩口未考虑到排水支管的坡度。

### 2. 产生原因

（1）管道安装前缺少对排水管道的整体排布。

（2）对卫生设备器具的几何尺寸不了解。

（3）土建墙体施工变化大、偏差大，在管道安装中对立管及预留口未及时地复核调正，造成留口不准，支管连接困难。

图 2-1  留口不准，支管连接困难

（4）卫生间排水横管安装时，未经仔细计算坡度值，未考虑到窗户、吊顶，造成甩口偏低。

### 3. 相关验收规范

《建筑给水排水及采暖工程施工质量验收规范》（GB 50242—2002）要求如下：

3.1.3  建筑给水、排水及采暖工程的施工应编制施工组织设计或施工方案，经批准后方可实施。

## 4. 预防措施

（1）施工前，应与土建配合并进行沟通，了解土建砌体墙、隔墙的位置和基准线的变化情况。

（2）依据设计要求及国家标准图集，掌握了解卫生器具的规格尺寸及距墙的尺寸、相互间的距离间隔，正确留出卫生器具的排水口位置。

（3）立管的位置、甩口应参见土建建施图及建筑物的实际变化情况，确定出准确的位置。

（4）排水横管安装应考虑房间的吊顶装修。

（5）管道安装前应有专项施工方案，并进行详细的技术交底。

 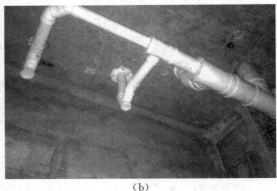

（a）　　　　　　　　　　　　　　　　　（b）

图 2-2　排水留口准确

## 2.2　排水立管在地下室与室外排水管连接、固定不符合要求

### 1. 不符合现象

（1）管道固定不牢固。

（2）立管与排出管连接不正确。

### 2. 产生原因

（1）支墩干砖对码，支架设置不正确。

（2）立管与排出管采用90°弯头连接。

### 3. 相关验收规范

《建筑给排水及采暖施工质量验收规范》（GB 50242—2002）要求如下：

5.2.13　通向室外的排水管，穿过墙壁或基础必须下返时，应采用45°三通和45°弯头连接。并应垂直管段顶部设置清扫口。

检验方法：观察和尺量检查。

5.2.14　由室外通向室内排水检查井的排水管，并内引入管应高于排出管或两管顶相平，并有不小于90°的水流转角，如跌落差大于300mm可不受角度限制。

检查方法：观察和尺量检查。

5.2.8 金属排水管道较重，要求吊钩或卡箍固定在承重结构上是为了安全。固定件间距则根据调研确定。要求立管底部的弯管处设支墩，主要防止立管下沉，造成管道接口断裂。

**4. 预防措施**

（1）立管底部与排出管连接时应采用2个45°弯头连接。

（2）弯头之处在条件允许的情况下尽量采用砖砌支墩，支墩四周应抹平粉刷，形成整体。同时在支墩的上平面弯头处用水泥砂浆做成一个凹型槽，将弯头进行固定。严禁使用干砖堆砌。

（3）如无法采用砖砌支墩，可分别在距45°弯头30cm处的立管和水平管上安装角钢支、吊托架。

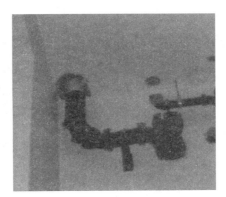

图2-3 立管底部与排出管用2个45°弯头连接

# 2.3 排水管道通向室外遇基础必须下返管道连接不符合要求

**1. 不符合现象**

（1）排水不顺畅。

（2）堵塞无法清通。

**2. 产生原因**

（1）管道翻弯使用90°弯头或正三通。

（2）未安装地面清扫口。

**3. 相关验收规范**

《建筑给水排水及采暖工程施工质量验收规范》（GB 50242—2002）要求如下：

5.2.3 生活污水塑料管道的坡度必须符合设计或本规范表5.2.3的规定。

表 5.2.3　生活污水塑料管道的坡度

| 项次 | 管径（mm） | 标准坡度（‰） | 最小坡度（‰） |
|---|---|---|---|
| 1 | 50 | 25 | 12 |
| 2 | 75 | 15 | 8 |
| 3 | 110 | 12 | 6 |
| 4 | 125 | 10 | 5 |
| 5 | 160 | 7 | 4 |

检验方法：水平尺、拉线尺量检查。

5.2.13　通向室外的排水检查井的排水管，穿过墙壁或基础必须下返时，应采用45°三通和45°弯头连接，并应在垂直管段顶部设置清扫口。

检验方法：观察和尺量检查。

## 4. 预防措施

（1）立管与室外排出管连接时应用2个45°弯连接，不得直接用90°弯头。

（2）有基础必须下延时，排水横管与立管应使用斜三通，且横管与顶板距离不小于25cm。

（3）在横管距排水立管25cm处安装地面清扫口，以便管道的清通。

# 2.4　排水管道排水不畅或堵塞

## 1. 不符合现象

卫生器具使用后，排水不通畅，甚至堵塞，脏物横溢。

## 2. 产生原因

（1）管道留口后封堵不及时，使水泥砂浆或杂物进入管内。

（2）卫生器具安装时，未认真检查管内杂物。

（3）管件使用不当，管道局部阻力过大。

## 3. 相关验收规范

《建筑给水排水及采暖工程施工质量验收规范》（GB 50242—2002）要求如下：

5.2.15　用于室内排水的水平直管与水平管道、水平管道与立管的连接，应采用45°三通或45°四通和90°斜三通或90°斜四通。立管与排出管端部的连接，应采用两个45°弯头或曲率半径不小于4倍管径的90°弯头。

## 4. 预防措施

（1）施工中断时，管口、预留口及时封堵，以防水泥块、杂物进入管道。

（2）器具安装时，应认真检查预留管口，清掏管口内脏物杂物。

（3）横管安装时，坡度应均匀，坡向正确。严禁有塌腰、倒坡现象。

（4）立管、支管的三通应采用顺水三通或斜三通，禁用正三通。

（5）出室外排水管，立管根部应采用 2 个 45°弯头与排出管连接，禁用 90°直弯头。

（6）管道使用前还应做通水通球试验。

# 2.5　排水管道坡度不均匀，甚至有倒坡现象

## 1. 不符合现象

坡度不均匀、塌腰，倒坡处沉积杂物，污水不能顺利排出。

## 2. 产生原因

（1）未按管道长度及管径标准坡度计算坡度值。

（2）管道安装时未从起点至末端测量拉线。

（3）管道支架安装不牢固。

## 3. 相关验收规范

《建筑给水排水及采暖工程施工质量验收规范》（GB 50242—2002）要求如下：

5.2.2　生活污水铸铁管道的坡度必须符合设计或本规范 5.2.2 的规定。

表 5.2.2　生活污水铸铁管道的坡度

| 项次 | 管径（mm） | 标准坡度（‰） | 最小坡度（‰） |
| --- | --- | --- | --- |
| 1 | 50 | 35 | 25 |
| 2 | 75 | 25 | 15 |
| 3 | 100 | 20 | 12 |
| 4 | 125 | 15 | 10 |
| 5 | 150 | 10 | 7 |
| 6 | 200 | 8 | 5 |

5.2.3　生活污水塑料管道的坡度必须符合设计或本规范 5.2.3 的规定（见表 5.2.3）。

5.2.8　金属排水管道上的吊钩或卡箍应固定在承重结构上。固定件间距：横贯不大于 2m；立管不大于 3m。楼层高度小于或等于 4m，立管可安装 1 个固定件。立管底部的弯管处应设支墩或采取固定措施。

　　检查方法：观察和尺量检查。

5.2.9　排水塑料管道支、吊架间距应符合表 5.2.9 的规定。

表 5.2.9　排水塑料管道支吊架最大间距　　　　　　　　（m）

| 管径（mm） | 50 | 75 | 110 | 125 | 160 |
|---|---|---|---|---|---|
| 立　管 | 1.2 | 1.5 | 2.0 | 2.0 | 2.0 |
| 横　管 | 0.5 | 0.75 | 1.10 | 1.30 | 1.6 |

检验方法：尺量检查。

### 4. 预防措施

（1）在排水管道安装时，依据管径的坡度、长度，计算出管道起点至末端的坡度值。

（2）在确定出管道的长度、坡向、坡度值后，分别在最高点和最低点拉线进行管道管件的安装。

（3）根据管道的坡度，安装好管道的支、吊架。

 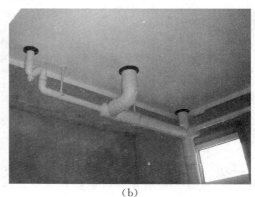

（a）　　　　　　　　　　　　　　　　（b）

图 2-4　排水支管坡度符合要求

# 2.6　排水管道接口渗漏

### 1. 不符合现象

接口不严实，不牢，滴水渗漏。

图 2-5　排水管渗漏

## 2. 产生原因

（1）PVC管插入承口深度不够，粘结剂涂刷不均匀，粘结剂过期失效不合格。

（2）柔性铸铁管卡箍内胶垫破损。管口断面不平整。

（3）柔性法兰铸铁管连接时，承插口之间无间隙。

（4）铸铁管卡箍、法兰、螺栓紧固受力不均匀。

## 3. 相关验收规范

《建筑给水排水及采暖工程施工质量验收规范》（GB 50242—2002）要求如下：

3.3.15　管道接口应符合下列规定：

1. 管道采用粘结接口，管端插入承口的深度不得小于表3.3.15的规定。

表 3.3.15　管端插入承口的深度

| 公称直径（mm） | 20 | 25 | 32 | 40 | 50 | 75 | 100 | 125 | 150 |
| --- | --- | --- | --- | --- | --- | --- | --- | --- | --- |
| 插入深度（mm） | 16 | 19 | 22 | 26 | 31 | 44 | 61 | 69 | 80 |

3. 采用橡胶圈接口的管道，允许沿曲线敷设，每个接口的最大偏转角不得超过$2°$。

3.3.16　各种承压管道系统和设备应做水压试验，非承压管道系统和设备应做灌水试验。

## 4. 预防措施

（1）PVC管材，管件应使用同一品牌及同一生产厂家的产品。

（2）PVC管道、管件在连接前应对粘结管表面及管件内清理干净，无尘、无水渍、无油渍。

（3）PVC管应根据管件承口深度试插一次。并在管材面画出插入深度标记。PVC管插入管件深度后保持稳固，不得随意旋转。胶粘剂的涂刷应均匀，不漏刷。胶粘剂的使用应在有效期内。

（4）柔性铸铁管安装时，切断管口时断面应平整，与管材轴线垂直。管断口无毛刺及飞边。

（5）卡箍连接时，管口之间无间隙，卡箍内密封垫圈应位于两管口之中。

（6）法兰连接时，插口管外侧画出插口深度标记，承口与插口之间应留有3mm间隙，密封胶圈与插口管安装线齐平，且密封胶圈不得扭曲。在推进过程中，插入管与承口管应在同一轴线。

（7）螺栓紧固分两次进行，受力均匀。

图 2-6　排水粘结牢固

## 2.7　排水立管检查口渗漏，安装角度不正确

### 1. 不符合现象

（1）检查口渗漏滴水。

（2）管道堵塞不便清理。

### 2. 产生原因

（1）检查口盖丢失，未加橡胶密封垫，检查口盖未紧固。

（2）检查口安装位置未视实际情况调正角度。

### 3. 相关验收规范

《建筑给水排水及采暖工程施工质量验收规范》（GB 50242—2002）要求如下：

5.2.6　在生活污水管道上设置的检查口或清扫口，当设计无要求时应符合下列规定：

1. 在立管上应每隔一段设置一个检查口，但在最底层和有卫生器具的最高层必须设置。如为两层建筑时，可仅在底层设置立管检查口；如有"乙字弯"管时，则在该层乙字弯管的上部设置，检查口中心高度距操作地面一般为 1m，允许偏差±20mm；检查口的朝向应便于检修。暗装立管，在检查口处应安装检修门。

### 4. 预防措施

（1）排水立管检查口安装时，应视排水立管的位置以方便管道的疏通、维修来确定安装的角度。

（2）当立管靠墙角安装时，检查口应于人站立方向呈 45°安装，检查口中心点距地坪 1.0m，当排水立管穿越踏步时，应以踏步面算起。

（3）在工程交付前，对检查口应逐个检查，检查口盖是否紧固，密封橡胶垫圈是否失落、未加。

（4）铸铁检查口口面是否平整，有无毛刺，高低不平现象。

（5）铸铁检查口口盖之间加装 2mm 厚橡胶条，上、下螺栓应紧固牢靠。

图 2-7　立管检查口

## 2.8　排水透气管出屋面不符合要求

### 1. 不符合现象

（1）透气管过低，影响周边环境。

（2）透气罩不牢固脱落，脏物或鸟类进入。

（3）金属铸铁管未与防雷网连接，易造成雷击。

### 2. 产生原因

不熟悉验收规范，施工随意。

### 3. 相关验收规范

《建筑给水排水及采暖工程施工质量验收规范》（GB 50242—2002）要求如下：

5.2.10　排水通气管不得与风道或烟道连接，且应符合下列规定：

（1）通气管应高出屋面 300mm，但必须大于最大积雪厚度。

（2）在通气管出口 4m 以内有门、窗时，通气管应高出门、窗顶 600mm 或引向无门、窗一侧。

（3）在经常有人停留的平屋顶上，通气管应高出屋面 2m，并应根据防雷要求设置防雷装置。

图 2-8 透气管过低

（4）屋顶有隔热层应从隔热层板面算起。

检查方法：观察和尺量检查。

### 4. 预防措施

（1）不上人屋面透气管应高出屋面 0.7m。

（2）上人屋面透气管应高出屋面 2m。

（3）透气管出屋面 4m 内有门窗时，透气管应引向无门窗一侧，并应高出门窗顶 0.6m。

（4）透气罩必须固定牢靠，以防飞鸟落入堵塞管道。

（5）金属管道出屋面应设立独的金属避雷针，避雷针高出金属透气管 0.3m，避雷针可用金属管卡与金属管焊接或螺栓连接固定，同时避雷针根部应与屋面避雷网连接成一体。

| （a） | （b） |

图 2-9 透气管道及避雷针高度符合要求

# 2.9 UPVC 排水透气管出屋面不设套管

## 1. 不符合现象

（1）屋面管道周边渗漏。
（2）卫生间顶板潮湿滴水。

## 2. 产生原因

（1）未埋套管，套管高度不够。
（2）套管内管环缝封堵不防水。

## 3. 相关验收规范

《建筑给排水及采暖工程施工质量验收规范》（GB 50242—2002）要求如下：

3.3.13 管道穿过墙壁和楼板，应设置金属或塑料套管。安装在楼板内的套管，其顶部应高出装饰地面 20mm：安装在卫生间和厨房内的套管，其顶部应高出装饰地面 50mm，底部应与楼板地面相平：安装在墙壁内的套管其两端应与饰面相平。穿过楼板的套管与管道之间缝隙应用阻燃密实材料和防水油膏填实，端面光滑。穿墙套管与管道之间的缝隙宜用阻燃密实材料填实，且端面应光滑。管道的接口不应设在套管内。

## 4. 预防措施

（1）排水透气立管穿越屋面混凝土层时，按确定位置必须预埋金属钢制套管，套管高度应与土建施工沟通，了解屋面施工的具体施工方法：板层、垫层、装饰板层的厚度，套管高度应不小于屋面净层面 15cm。

（2）在屋面做防水层时，应预埋固定好透气管套管，以方便屋面整体防水层的施工，套管内管环缝应用油麻打密实，防水胶泥密封或石棉水泥捻打密实。

# 2.10 塑料排水管未按要求安装伸缩节

## 1. 不符合现象

（1）伸缩节失灵，接口渗漏。
（2）管道损坏变形。
（3）财产受损。

## 2. 产生原因

（1）温度的变化，管道无法正常伸缩。
（2）未按规定安装伸缩节。
（3）安装位置不正确。

### 3. 相关验收规范

《建筑给水排水及采暖工程施工质量验收规范》（GB 50242—2002）要求如下：

5.2.4　排水塑料管必须按设计要求及位置装设伸缩节。如设计无要求时，伸缩节间距不得大于4m。高层建筑中明设排水塑料管道应按设计要求设置阻火圈或防火套管。

检验方法：观察检查。

### 4. 预防措施

（1）当排水横管在楼板之下时，立管上伸缩节应安装在靠近水流汇合管件之下位置。

（2）当排水横管在楼板之上时，立管上伸缩节应安装在靠近水流汇合管件之上位置。

（3）伸缩节的插口应为水流方向，伸缩节安装间距不得大于4m。

（4）当立管上无排水支管时，伸缩节安装位置可置于立管任何部位，但间距不得超过4m，横管上的伸缩节应安装在水流汇合管件的上游端。

图2-10　UPVC伸缩节安装符合要求

## 2.11　高层建筑塑料排水立管未安装防火阻火圈

### 1. 不符合现象

（1）一旦发生火灾不能阻止火焰及烟气的蔓延。

（2）存在安全隐患，造成人身伤害。

### 2. 产生原因

（1）安装意识淡薄。

（2）未认识到潜在的安全隐患。

（3）防火封堵材料不正确。

### 3. 相关验收规范

《建筑给水排水及采暖工程施工质量验收规范》（GB 50242—2002）要求如下：

5.2.4　排水塑料管必须按设计要求及位置装设伸缩节。如设计无要求时，伸缩节间距不得大于4m。高层建筑中明设排水塑料管道应按设计要求设置阻火圈或防火套管。

检验方法：观察检查。

### 4. 预防措施

（1）排水立管套管与管道的环缝应采用防火泥或无机耐火材料进行封堵。严禁油麻封堵，水泥抹平。

（2）在管道穿越楼板板底，管道顶部加装成品阻火圈，防止管道损坏后的火焰烟气的上升蔓延。

（3）管径不小于110mm塑料排水横管入管井及横排水干管穿越防火区隔墙和防火墙时，应有防烟防火贯穿措施，并在防火分区隔墙两侧墙体加装阻火圈。

（4）阻火圈的使用应有消防部门颁发的准用证、检验报告、合格证及证明文件。

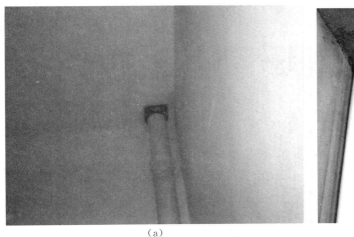 

（a）　　　　　　　　　　　　　　（b）

图 2-11　按要求安装阻火圈

## 2.12　雨水斗与直立式雨水管安装不符合要求

### 1. 不符合现象

（1）雨水斗与雨水管连接处渗漏。

（2）支架脱落。

（3）塑料管道未加伸缩节。

### 2. 产生原因

（1）雨水斗短管嵌入雨水管深度不够，且无固定支架。

（2）支架栽埋不牢固。

### 3. 相关验收规范

《建筑给水排水及采暖工程施工质量验收规范》（GB 50242—2002）要求如下：

5.3.2　塑料排水管要求每层设伸缩节，作为雨水管也应按设计要求安装伸缩节。

5.3.5　雨水斗管的连接应固定在屋面承重结构上。雨水斗边与屋面连接处应严密不漏。连接管管径当设计无要求时，不得小于 100mm。

检验方法：观察和尺量检查。

5.3.7　雨水管道安装的允许偏差应符合本规范表 5.2.16 的规定。

### 4. 预防措施

（1）雨水斗短管插入雨水管深度不小于 2cm，插入端口应封堵密实。

（2）雨水斗管连接处 10cm 位置，将承重支架安装于屋面承重结构上。

（3）立管固定支架间距不大于 2m，且一次安装牢固。

（4）塑料雨水管应按规定安装伸缩节，伸缩节承口应为水流方向，伸缩节间距不大于 4m。

（5）当雨水管内雨水直接排入室外地坪时，其端部距地坪 15cm 高度，管口加装 45°弯头一个，弯头下安放雨水簸箕。

图 2-12　雨水斗封堵密实

## 2.13　雨水管道未做灌水试验

### 1. 不符合现象

（1）接口渗漏。

（2）雨水斗边缘与屋面板面相接处渗漏。

### 2. 产生原因

（1）未做灌水试验。

（2）灌水高度、灌水时间不够。

### 3. 相关验收规范

《建筑给水排水及采暖工程施工质量验收规范》（GB 50242—2002）要求如下：

5.3.1 安装在室内的雨水管道安装后应做灌水试验，灌水高度必须到每根立管上部的雨水斗。

检验方法：灌水试验持续1h，不渗不漏。

### 4. 预防措施

（1）管道安装完成后，需按要求做灌水试验，灌水高度必须达到每根雨水立管上部的雨水斗，持续时间为1h。

（2）灌水试验时重点应检查雨水斗与雨水管连接处，雨水斗与屋面、墙面相接处，是否有渗漏、墙板面的潮湿水印等。

（3）如发现接口渗漏、墙板面潮湿及水印等，应拆除重新安装，二次做灌水试验。

## 2.14  PVC管使用金属管卡固定

### 1. 不符合现象

金属管卡直接固定管道，当管道伸缩时造成管道磨损。

图 2-13  PVC管道使用金属管卡未穿塑料软管

### 2. 产生原因

（1）金属管卡上未穿塑料软管。

（2）金属面管架与管道接触面未放置橡胶条。

### 3. 相关验收规范

《建筑给水排水及采暖工程施工质量验收规范》（GB 50242—2002）要求如下：

3.3.9 采暖、给水及热水供应系统的塑料管及复合管垂直或水平安装的支架间距应符合表 3.3.9 的规定。采用金属制作的管道支架，应在管道与支架间加衬非金属垫或套管。

表 3.3.9　塑料管及复合管管道支架的最大间距

| 公称直径（mm） | | | 12 | 14 | 16 | 18 | 20 | 25 | 32 | 40 | 50 | 63 | 75 | 90 | 110 |
|---|---|---|---|---|---|---|---|---|---|---|---|---|---|---|---|
| 支架最大间距（m） | 立管 | | 0.5 | 0.6 | 0.7 | 0.8 | 0.9 | 1.0 | 1.1 | 1.3 | 1.6 | 1.8 | 2.0 | 2.2 | 2.4 |
| | 水平管 | 冷水管 | 0.4 | 0.4 | 0.5 | 0.5 | 0.6 | 0.7 | 0.8 | 0.9 | 1.0 | 1.1 | 1.2 | 1.35 | 1.55 |
| | | 热水管 | 0.2 | 0.2 | 0.25 | 0.3 | 0.3 | 0.35 | 0.4 | 0.5 | 0.6 | 0.7 | 0.8 | — | — |

### 4. 预防措施

（1）PVC 管在使用 U 型卡环固定管道时，U 型卡环应套装匹配的塑料软管，金属面管架与管道接触面放置橡胶条。

（2）安装与管井相匹配的塑料立管卡、吊卡。

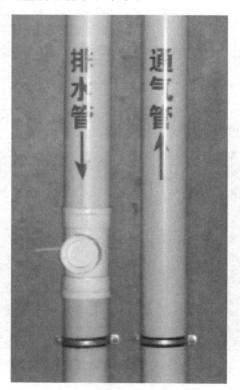

图 2-14　U 型卡环与管道间放置橡胶条

# 2.15　PVC 排水管表面污染严重

### 1. 不符合现象

管道安装后，管表面水泥砂浆、油漆污染管道，PVC 管接口胶粘剂淌流。

图 2-15 管道未做保护，造成污染

## 2. 产生原因

（1）管道在安装中，未考虑后序工种的施工。

（2）产品质量保护意识差。

## 3. 预防措施

（1）PVC 管材管件连接时，胶粘剂的涂刷应均匀适度，不得涂刷过厚。

（2）PVC 管道连接后，接口外溢胶粘剂应及时用棉纱、条布对管口清理干净。

（3）管道安装完成后，应采用塑料薄膜对管道进行缠绕保护。避免下一道工序的施工对管道的污染，如薄膜损坏、破损，应重新更换。

（4）做好产品的保护工作。

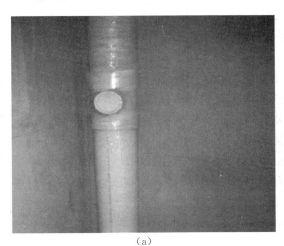
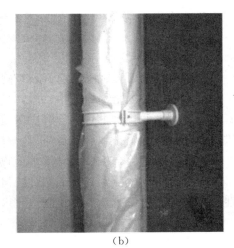

（a）　　　　　　　　　　　　　　　　（b）

图 2-16　PVC 立管成品保护完好

## 2.16 排水管道通水、通球不符合规范要求

### 1. 不符合现象

隐蔽管道、排水管道灌水、通水通球试验记录合格，系统使用后，有渗漏或排水不畅，甚至堵塞。

### 2. 产生原因

(1) 部分排水管灌水、通水试验替代全部灌水、通水试验，甚至部分排水管道未进行灌水、通水试验。

(2) 排水主立管、干管通球试验未做或不彻底。

### 3. 相关验收规范

《建筑给水排水及采暖工程施工质量验收规范》（GB 50242—2002）要求如下：

3.3.16　各种承压管道系统和设备应做水压试验，非承压管道系统和设备应做灌水试验。

5.2.1　隐蔽或埋地的排水管道在隐蔽前必须做灌水试验，其灌水高度应不低于底层卫生器具的上边缘或底层地面高度。

检验方法：满水 15min 且水面下降后，再灌满观察 5min，液面不降，管道及接口无渗漏为合格。

5.2.5　排水主立管及水平干管管道均应做通球试验，通球球径不小于排水管道管径的三分之二，通球率必须达到 100%。

检查方法：通球检查。

5.3.1　安装在室内的雨水管道安装后应做灌水试验，灌水高度必须到每根立管上部的雨水斗。

检验方法：灌水试验持续 1h，不渗不漏。

### 4. 预防措施

(1) 隐蔽排水管道在隐蔽前必须按规范要求、时间做好灌水试验。

(2) 雨水管必须全部做灌水试验，且灌水高度必须到每根雨水管上部的雨水斗。

(3) 各系统的排水主管、干管应做通水试验。通水试验中顶层、中间层、底层应分别开启供水点。检查各个排水点是否畅通，有无渗漏。

(4) 在通水试验合格后，对排水干管、立管应做通球试验，应使用球径为通球管径三分之二的橡胶球，橡胶球应从排水立管的顶端（即屋面透气管）投入，从排水主干管排出口排出即为合格。若球被堵塞，应及时查明位置并进行疏通。

(5) 灌水、通水、通球试验合格后，分别做好记录，相关人员签字盖章。

# 3 室内卫生器具安装

## 3.1 卫生器具供水、排水管口甩口不准

### 1. 不符合现象

供水管、排水管与卫生器具供排水管连接困难，成排器具间距不一。

### 2. 产生原因

（1）未按图施工。
（2）对卫生器具规格型号不了解。

### 3. 相关验收规范

《建筑给水排水及采暖工程施工质量验收规范》（GB 50242—2002）要求如下：

3.1.3 建筑给水、排水及采暖工程的施工应编制施工组织设计或施工方案，经批准后方可实施。

### 4. 预防措施

（1）供水、排水管预留口前，应认真查看施工平面图及卫生器具安装所采用的标准图集。
（2）熟悉、掌握所安装的卫生器具规格型号、几何尺寸。
（3）核对土建施工图中有关卫生器具安装的位置轴线、标准图集中的相关尺寸，确定供排水管预留口的标高坐标位置，并画出卫生器具安装尺寸的排列图。
（4）在器具安装中，应划线、测量以及定位。
（5）编制专项施工方案，进行具有针对性的技术交底。

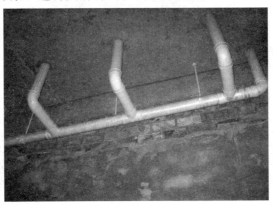

图 3-1 卫生器具排水管甩口准确

# 3.2 卫生器具安装不牢固

## 1. 不符合现象

（1）卫生器具使用后，器具松动不稳不牢固，影响使用。

（2）管道连接件损坏或漏水。

## 2. 产生原因

（1）对砌体墙材料性能不了解。

（2）支架制作选用错误。

（3）支架安装不牢固。

## 3. 相关验收规范

《建筑给水排水及采暖工程施工质量验收规范》（GB 50242—2002）要求如下：

7.1.2 卫生器具的安装应采用预埋螺栓或膨胀螺栓安装固定。

7.2.6 卫生器具的支、托架必须防腐良好，安装平整、牢固，与器具接触紧密、平稳。

检验方法：观察和手扳检查。

## 4. 预防措施

（1）卫生器具安装前，应在墙面、地面找准位置，并在墙体面画出支架的安装位置。

（2）剪力墙可采用膨胀螺栓固定支架。

（3）实心墙可用角钢支架或一端带丝圆钢栽埋法固定支架。

（4）轻质墙、空心砖砌体墙应制作落地式支架或采用夹板式穿心螺栓固定支架。

（5）支、托架的制作结构应符合规范标准及使用要求，型材有足够的刚度。

图 3-2 成排小便斗安装牢固、整齐

图 3-3 小便斗固定牢固

## 3.3 大便器排水口与排水管接口连接渗漏

### 1. 不符合现象

便器使用后，便器接口渗漏地面积水。

### 2. 产生原因

（1）排水管甩口高度不够。

（2）排水管与大便器排水口错位。

（3）连接口不严密，没有密封。

### 3. 相关验收规范

《建筑给水排水及采暖工程施工质量验收规范》（GB 50242—2002）要求如下：

7.4.1 与排水横管连接的各卫生器具的受水口和立管均应采取妥善可靠的固定措施；管道与楼板的接合部位应采取牢固可靠的防渗、防漏措施。

检验方法：观察和手扳检查。

### 4. 预防措施

（1）大便器排水口应与排水管口尺寸相匹配。

（2）排水管承口应高出地坪 10mm，保证大便器排水管口插入排水管深度不小于 10mm。

（3）坐便器出水口与排水管口应在同一中心，坐便器排水口插入排水管后，管口周边使用油灰抹口封堵，其底部与地坪面接缝用防水胶勾缝。

（4）蹲式大便器应在蹲边器两侧用砂浆水泥固定牢靠，两管连接缝隙应用油灰膏或 1：5 的白灰水泥混合灰抹平。

（5）大便器安装时应用水平尺找平找正。

图 3-4 大便器安装平正

# 3.4 蹲便器冲洗管与蹲便器进水口连接处渗漏

## 1. 不符合现象

冲洗管与蹲便器进水连接口渗漏，蹲便台积水。

## 2. 产生原因

（1）皮碗破损。
（2）绑扎不正确。

## 3. 相关验收规范

《建筑给排水及采暖工程施工质量验收规范》（GB 50242—2002）要求如下：

7.2.2 卫生器具交工前应做满水和通水试验。

检验方法：满水后各连接件不渗不漏；通水试验给、排水畅通。

7.3.1 卫生器具给水配件应完好无损伤，接口严密，启闭部分灵活。

检验方法：观察及手扳检查。

7.4.2 连接卫生器具的排水管道接口应紧密不漏，其固定支架、管卡等支撑位置应正确、牢固，与管道的接触应平整。

检验方法：观察及通水检查。

## 4. 预防措施

（1）蹲边器进水口与冲洗管绑扎前，应检查橡胶皮碗质量是否合格，皮碗是否破损、无砂眼。

（2）胶皮碗绑扎时，冲洗管插入胶皮碗角度应合适。在胶皮碗大小两头绑扎时分别采用14号铜丝缠绕2~3圈，对称分别拧紧或使用专用镀锌卡箍紧固，严禁使用镀锌铁丝绑扎。

（3）蹲便器进水接口连接处应填充干砂，上部加装活动盖板与蹲便台齐平，以方便今后的检修。

图 3-5 蹲便器进水连接牢固

# 3.5 浴盆安装质量缺陷

## 1. 不符合现象

（1）浴盆排水管与溢水管接口渗漏。
（2）浴盆排水管与预留排水管连接漏水。
（3）浴盆排水不顺畅由排水栓向盆内冒水。
（4）浴盆排水不尽，盆内有积水。

## 2. 产生原因

（1）浴盆安装后，未做盛水灌水实验。
（2）浴盆溢水管与排水管连接不严，密封垫破损或放置不平正，锁母未锁紧。
（3）浴盆排水管与预留排水管接口不正错位，管缝间隙小，封堵不严实。
（4）浴盆安装未找坡，水平安装。

## 3. 相关验收规范

《建筑给水排水及采暖工程施工质量验收规范》（GB 50242—2002）要求如下：

7.2.4 有饰面的浴盆，应留有通向浴盆排水口的检修门。

检验方法：观察检查。

7.4.1 与排水横管连接的各卫生器具的受水口和立管均应采取妥善可靠的固定措施；管道与楼板的接合部位应采取牢固可靠的防渗、防漏措施。

检验方法：观察和手扳检查。

7.4.2 变径卫生器具的排水管道接口应紧密不漏，其固定支架、管卡支承位置应正确、牢固，与管道的接触应平整。

检验方法：观察及通水检查。

## 4. 预防措施

（1）浴盆溢水管、排水管连接管应依据实物或浴盆几何尺寸图下料配管，排水横支管坡向预留排水管口。

（2）浴盆排水栓及溢水管、排水管接口应加装橡胶垫圈，橡胶垫圈不得破损、扭曲，应平整，并用锁母拧紧。

（3）浴盆排水短管与预留排水管接口准确，应有足够插入深度，接口封堵严实。

（4）浴盆安装固定时，应用水平尺测量，坡度坡向浴盆排水栓口方向，坡度不宜过大。

（5）浴盆挡墙砌筑前，应做好盛水、灌水实验，挡墙砌体时，应在排水预留管对应位置留有检修门，以方便浴盆排水管道的清通检修。

（6）浴盆安装完后，应及时将排水栓口进行临时封堵，以防杂物、脏物进入管内，同时浴盆应进行覆盖，做好产品的保护工作。浴盆边沿与装饰墙面接缝处进行打防水密封胶处理。

## 3.6 卫生器具排水接口渗漏，台面积水

### 1. 不符合现象

（1）台面潮湿积水，墙面接触缝渗漏滴水。
（2）卫生器具使用后，排水接口渗漏地面。

### 2. 产生原因

（1）墙面不平整。
（2）器具与墙体接触面不严密。
（3）器具在盛水实验过程中，未认真检查接口情况。

### 3. 相关验收规范

《建筑给水排水及采暖工程施工质量验收规范》（GB 50242—2002）要求如下：

7.2.2 卫生器具交工前应做满水和通水试验。

检验方法：满水后各连接件不渗不漏；能通水试验给、排水畅通。

7.4.2 连接卫生器具的排水管道接口应紧密不漏，其固定支架、管卡支承位置应正确、牢固，与管道的接触应平整。

检验方法：观察及通水检查。

### 4. 预防措施

（1）卫生器具安装固定后，其台面与墙体接触部位应严密严实，接缝处应打防水密封胶，进行勾缝处理。

（2）在器具盛水试验中，应认真观察液面的波动情况，同时检查接口及各连接件是否渗漏。盛水时间应符合规范要求。

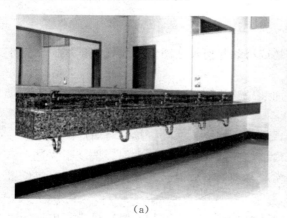

(a)　　　　　　　　　　　　　(b)

图 3-6 卫生器具连接紧密，平整

# 3.7 带地漏地面倒泛水、渗漏

## 1. 不符合现象

（1）有地漏房间，地面无坡度，甚至地面偏高。
（2）地漏周边渗漏。

## 2. 产生原因

（1）有地漏房间，在地坪找平、找坡时，地坪标高弹线不准。
（2）地面未留坡度。
（3）地漏安装后，地漏周边补洞不严实，不严密。

## 3. 相关验收规范

《建筑给排水及采暖工程施工质量验收规范》（GB 50242—2002）要求如下：
7.2.1 排水栓和地漏的安装应平整、牢固，低于排水表面，周边无渗漏。地漏水封高度不得小于50mm。
检验方法：试水观察检查。

## 4. 预防措施

（1）卫生间地面标高低于室外地面20mm，地漏盖板面低于找坡坪地面2mm。
（2）地漏安装时，应控制好地面的标高，以地漏中心向四周辐射，地面找坡，使地面积水流向地漏。
（3）地漏安装后在支模补洞过程中应用细石混凝土浇筑孔洞并捣实，且应分两次浇灌。
（4）房间防水施工完后，严禁在地面再次开槽凿洞，如需要二次安装地漏，应对地漏周边做好防水渗漏的处理。

# 3.8 地漏安装不符合要求

## 1. 不符合现象

（1）地漏安装偏高，地面积水，影响积水的排放。
（2）地漏安装偏低，使地漏位置形成深坑。

## 2. 产生原因

（1）对多水房间垫层、防水做法、防水层厚度不了解。
（2）未计算地漏安装位置的地面坡度值，以室内地面标高确定地漏安装高度。

## 3. 相关验收规范

《建筑给水排水及采暖工程施工质量验收规范》（GB 50242—2002）要求如下：

7.2.1　排水栓和地漏的安装应平整、牢固，低于排水表面，周边无渗漏。地漏水封高度不得小于50mm。

检验方法：试水观察检查。

### 4. 预防措施

（1）地漏安装固定时，应与土建施工人员进行沟通，了解多水房间的防水做法，板层的垫层，防水层厚度，坡向地漏位置地面的坡度。

（2）通过计算，依据室内50线，用水准仪或水平尺拉线找坡，确定出地漏面露出地板的标高。

（3）配合土建的地面施工，确保地漏四周地面的排水坡度符合要求。

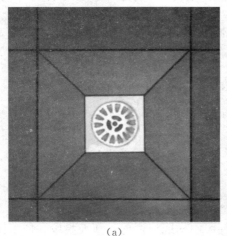 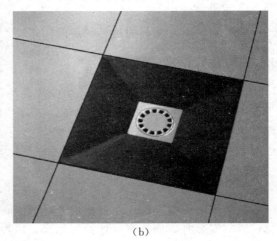

（a）　　　　　　　　　　　　　　　　（b）

图 3-7　地面坡度坡向符合要求

## 3.9　连接两个以上大便器或三个以上卫生器具排水横管不安装清扫口

### 1. 不符合现象

（1）管道堵塞无法疏通。

（2）堵塞清通困难。

（3）污水脏物横溢，污染环境。

### 2. 产生原因

（1）未按要求安装清扫口。

（2）堵头代替清扫口。

（3）清扫口未出地面。

### 3. 相关验收规范

《建筑给水排水及采暖工程施工质量验收规范》（GB 50242—2002）要求如下：

5.2.6 在生活污水管道上设置的检查口或清扫口,当设计无要求时应符合下列规定:

2. 在连接2个及2个以上大便器或3个及3个以上卫生器具的污水横管上应设置清扫口。当污水管在楼板下悬吊敷设时,可将清扫口设在上一层楼地面上,污水管起点的清扫口与管道相垂直的墙面距离不得小于200mm;若污水管起点设置堵头代替清扫口时,与墙面距离不得小于400mm。

3. 在转角小于135°的污水横管上,应设置检查口或清扫口。

4. 污水横管的直线管段,应按设计要求的距离设置检查口或清扫口。

**4. 预防措施**

(1)连接两个以上大便器或三个以上卫生器具排水横管,清扫口安装间距:管径50~75mm,安装间距为8m。管径100~150mm,安装间距为10m。横管末端必须安装清扫口。

(2)不得用堵头代替清扫口,且清扫口不应安装在横管上,应安装在横管上一层楼板地面上,以方便管道的清通工作。

(3)末端清扫口距墙体面应不小于0.2m。

# 3.10　地面清扫口出地面及清扫口距墙体距离不符合要求

## 1. 不符合现象

(1)达不到使用功能。
(2)存在安全隐患。

## 2. 产生原因

(1)清扫口出地面尺寸控制不准确。
(2)横管末端清扫口距墙体面过近。

## 3. 预防措施

(1)清扫口出地面应净高出地面1~3mm,过低可能找不到清扫口或清扫口盖无法打开,地板装饰遮盖,地面陷坑,过高可绊行人。

(2)出地面清扫口安装时,应依据板面垫层、装饰面层厚度,通过计算确定出安装高度。

(3)地面清扫口距墙体垂直面应不小于20mm,以方便清通工作。

# 4 室内采暖

## 4.1 门型伸缩器制作安装缺陷

### 1. 不符合现象

伸缩器使用后，支架倾斜，管道变形，甚至接口渗漏。

### 2. 产生原因

(1) 伸缩器制作存在缺陷。
(2) 伸缩器安装前未预拉伸或预拉伸不符合要求。
(3) 安装位置不当，支架安装不正确不牢固。

### 3. 相关验收规范

《建筑给水排水及采暖工程施工质量验收规范》（GB 50242—2002）要求如下：

3.3.7 管道支、吊、托架的安装，应符合下列规定：

5. 有热伸长管道的吊架、吊杆应向热膨胀的反方向偏移。

8.2.2 补偿器的型号、安装位置及预拉伸和固定支架的构造及安装位置应符合设计要求。

检验方法：对照图纸，现场观察，并查验预拉伸记录。

8.2.5 方形补偿器制作时，应用整根无缝钢管煨制，如需要接口，其接口应设在垂直臂的中间位置，且接口必须焊接。

检验方法：观察检查。

8.2.6 方形补偿器应水平安装，并与管道的坡度一致；如其臂长方向垂直安装必须设排气及泄水装置。

检查方法：观察检查。

### 4. 预防措施

(1) 小型门型伸缩器可用一根无缝钢管一次煨制完成。
(2) 较大型伸缩器可用 2～3 根无缝管煨制后焊接制作成，焊口应在两个垂直臂的中间点，水平臂上不得有焊口。
(3) 煨制 90°弯，弯曲半径不小于 4D（管外径）且四个 90°弯在门型伸缩器上应保持在同一平面，不得扭曲翘角，同时弯曲的 90°圆弧管壁不得有压扁及皱褶。
(4) 伸缩器安装之前必须经计算后预拉伸。

（5）安装的坡度和坡向应与管内介质流向一致。

（6）支架安装应牢固且有一定的倾斜，其倾斜方向应与伸缩方向相反。

（7）同时在伸缩管的最高点设排气阀，最低点设排水阀。

# 4.2　弯曲管制作质量缺陷

## 1．不符合现象

管弯曲压扁，椭圆率过大或过小，内弯曲管壁褶皱。

## 2．产生原因

（1）管道材质不合格。

（2）弯曲时未划线放样，未考虑弹回角度，弯曲时用力过大。

## 3．相关验收规范

《建筑给水排水及采暖工程施工质量验收规范》（GB 50242—2002）要求如下：

3.3.14　弯制钢管，弯曲半径应符合下列规定：

1．热弯：应不小于管道外径的 3.5 倍。

2．冷弯：应不小于管道外径的 4 倍。

## 4．预防措施

（1）管道弯曲前应计算出管弯曲长度，画出起始点，弯曲中心点。

（2）制作弯曲管样板，用样板检查弯曲度，弯曲半径应大于或等于管外径的 4 倍。

（3）弯曲时管焊缝应置于管弯曲面的上部，管弯曲时搬动用力应均匀，不可用力过大过猛，否则易造成弯曲管壁的皱褶扁压。

（4）弯曲后要考虑在管弯曲成型后有 3°～4°的回弹。

# 4.3　管道内水、气循环不顺畅

## 1．不符合现象

（1）在系统使用中，汽或水的流量分配不合理。

（2）汽或水不能在管道及散热器中正常循环，使供热工作不能正常顺利进行。

## 2．产生原因

（1）安装管道时，管口封堵不密实，杂物进入。

（2）断管时，管口毛刺未清理。

（3）气焊开口时，铁渣进入管内。

（4）未按规定要求在管道使用前进行认真冲洗，大量的污物没有冲洗干净。

### 3. 相关验收规范

《建筑给水排水及采暖工程施工质量验收规范》（GB 50242—2002）要求如下：

8.2.12　在管道干管上焊接垂直或水平分支管道时，干管开孔所产生的钢渣及管壁等废弃物不得残留管内，且分支管道在焊接时不得插入干管内。

检验方法：观察检查

8.6.2　系统试压合格后，应对系统进行冲洗并清扫过滤器及除污器。

检验方法：现场观察，直至排出水不含泥沙、铁屑等杂质且水色不浑浊为合格。

8.6.3　系统冲洗完毕应充水、加热，进行试运行和调试。

检验方法：观察、测量室温应满足设计要求。

### 4. 预防措施

（1）在安装施工中，应检查管内是否有杂物，并进行清理。

（2）施工中断时，管口应及时进行临时封堵，以避免杂物进入。

（3）管材切断后，应及时清除管口飞刺。

（4）当气焊开口、焊接时，应避免铁渣掉入并进行清理。

（5）散热管支管连接时应检查散热器内腔是否有杂物。

（6）在管道安装完成后应按规定要求进行试压及冲洗。

## 4.4　主干管支、托架失效

### 1. 不符合现象

（1）固定支架、活动支架对管道起不到相应的固定、滑动作用。

（2）管道的合理伸缩，导致管道支架、托架损坏。

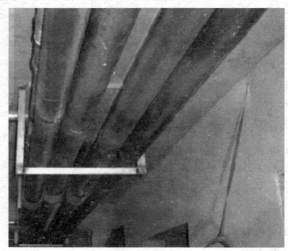

图 4-1　未按要求加设固定及滑动支架

## 2. 产生原因

（1）固定支架未按规定焊装止挡板，管道起不了固定作用。

（2）活动支架未加装滑动板，支架U型卡环螺母紧固，不能保证管道的自由伸缩、滑动。

## 3. 相关验收规范

《建筑给水排水及采暖工程施工质量验收规范》（GB 50242—2002）要求如下：

3.3.7 管道支、吊、托架的安装，应符合下列规定：

1. 位置正确，埋设应平整牢固。

2. 固定支架与管道接触应紧密，固定应牢靠。

3. 滑动支架应灵活，滑托与滑槽两侧间应留有3～5mm的间隙，纵向移动量应符合设计要求。

4. 无热伸长管道的吊架、吊杆应垂直安装。

5. 有热伸长管道的吊架、吊杆应向热膨胀的反方向偏移。

## 4. 预防措施

（1）固定支架应按规定焊装止挡板，U型卡环双头螺栓应紧固。

（2）活动支架应在支架与管道间焊装滑动板，U型卡环一端套丝两螺母紧固，另一端不套丝直接插入支架眼孔中。

 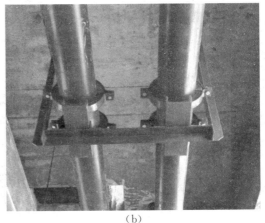

（a） （b）

图 4-2 固定支架与管道接触应紧密，固定牢固

# 4.5 干管坡度不符合要求

## 1. 不符合现象

（1）坡度不均匀，倒坡导致管道局部集汽、存水，影响水、汽的正常循环。

（2）管道某些部位温度下降，管道不热，会产生管道水击声响，损坏管道及设备。

### 2. 产生原因

（1）管道安装未调直，未拉线找出坡度。

（2）穿混凝土梁时，孔洞预留不准确。

（3）生活热水管、采暖管、空调管供热干、支管坡度小，倒坡，使管道顶部最高点集气，产生气塞，影响介质循环流动。采暖房间湿度、温度达不到设计标准。

### 3. 相关验收规范

《建筑给水排水及采暖工程施工质量验收规范》（GB 50242—2002）要求如下：

8.2.1　管道安装的坡度，当设计未注明时，应符合下列规定：

1. 汽、水同向流动的热水采暖管道和气、水同向流动的蒸汽管道及凝结水管道，坡度应为 3‰，不得小于 2‰。

2. 汽、水逆向流动的热水采暖管道和汽、水逆向流动的蒸汽管道，坡度不应小于 5‰。

检验方法：观察，水平尺、拉线、尺量检查。

### 4. 预防措施

（1）管道安装必须按设计的标高、坡度、坡向安装。

（2）根据管道采暖、管道坡向在管道始末端的最高点和最低点，拉线栽埋管道托、支架。热水供应管、热水空调管、热水采暖管坡向为"抬头"走。并在管道最高点安装集气管、排气阀。在最低点设加装放空泄水阀，蒸汽和气体管坡向为"低头"走。最低端安装疏水器或在管底设排污阀。

（3）管道施焊连接时，应对每一直线管段进行调直，使用水平尺测量找坡。

（4）在管道穿墙、穿梁柱时，如坡度不均匀不合适，应采取补救措施加装排气装置、排水装置、泄水装置。

（5）当设计坡度不明确时，应按下列要求施工：

热水采暖和热水供应管道及水汽同向流动，蒸汽和凝结水管道，坡度为 0.003，不得小于 0.002。水汽逆向流动的蒸汽管道，不得小于 0.005。

## 4.6　散热器安装固定不符合要求

### 1. 不符合现象

（1）挂装散热器托钩不牢固，托钩强度不够。

（2）落地散热器，腿片悬空，着地不实。

（3）散热器背面紧贴装饰墙，与窗中心线偏差大。

### 2. 产生原因

（1）未按规定栽埋托钩，托钩采用薄钢板制作。

（2）楼层地面、窗户标高位置偏差大，固定散热器托钩位置点未经实际测量计算。

（3）责任心不强，安装散热器时未划线找准位置。

## 3. 相关验收规范

《建筑给水排水及采暖工程施工质量验收规范》（GB 50242—2002）要求如下：

8.3.6 散热器背面与装饰后的墙内表面安装距离，应符合设计或产品说明书要求。如设计未注明，应为30mm。

检验方法：尺量检查。

8.3.7 散热器安装允许偏差应符合表8.3.7的规定。

表8.3.7 散热器安装允许偏差和检验方法

| 项次 | 项目 | 允许偏差（mm） | 检验方法 |
|---|---|---|---|
| 1 | 散热器背面与墙内表面距离 | 3 | 尺量 |
| 2 | 与窗中心线或设计定位尺寸 | 20 | |
| 3 | 散热器垂直度 | 3 | 吊线和尺量 |

8.3.5 散热器支架、托架安装，位置应准确，埋设牢固。散热器支架、托架数量，应符合设计或产品说明书要求。如设计未注明时，则应符合表8.3.5的规定。

表8.3.5 散热器支架、托架数量

| 项次 | 散热器型式 | 安装方式 | 每组片数 | 上部托钩或卡架数 | 下部托钩或卡架数 | 合计 |
|---|---|---|---|---|---|---|
| 1 | 长翼型 | 挂墙 | 2～4 | 1 | 2 | 3 |
| | | | 5 | 2 | 2 | 4 |
| | | | 6 | 2 | 3 | 5 |
| | | | 7 | 2 | 4 | 6 |
| 2 | 柱型<br>柱翼型 | 挂墙 | 3～8 | 1 | 2 | 3 |
| | | | 9～12 | 1 | 3 | 4 |
| | | | 13～16 | 2 | 4 | 6 |
| | | | 17～20 | 2 | 5 | 7 |
| | | | 21～25 | 2 | 6 | 8 |
| 3 | 柱型<br>柱翼型 | 带足落地 | 3～8 | 1 | — | 1 |
| | | | 8～12 | 1 | — | 1 |
| | | | 13～16 | 2 | — | 2 |
| | | | 17～20 | 2 | — | 2 |
| | | | 21～25 | 2 | — | 2 |

检验方法：现场清点检查。

## 4. 预防措施

（1）铸铁散热器的支、托架应依每组散热器的片数确定数量，且支、托架的栽埋应牢固，支、托架墙体埋设深度不小于12cm。

（2）钢制、铝制片散热器安装，应按厂家说明书中的要求安装支、托架，支、托架钢度应满足散热器内满盛水的承载力，支、托架的埋设应牢固。

（3）落地式散热器的安装，应进行实际测量，栽埋固定散热器支、托架，散热器腿应着地严实，不实之处不得使用木块垫放，应使用铝或铁块垫实。

（4）散热器的安装固定应依窗户中心线确定找中均分，散热器顶面距窗户台装饰面不大于3cm，不得与窗户台装饰面齐平，散热器背面与装饰面墙距离为3cm。

图 4-3　散热器固定牢固

# 4.7　散热器供回水支管安装不符合要求

## 1. 不符合现象

连接散热器的供回水支管无坡度或坡度不均匀，甚至倒坡，导致散热器不热。

## 2. 产生原因

（1）立管留口时，使用工具不当，测量误差较大。

（2）未考虑连接散热器支管长度，供回水支管间距开挡同一尺寸。

（3）地面标高有误差，散热器随地面的变化进行固定安装。

## 3. 相关验收规范

《建筑给水排水及采暖工程施工质量验收规范》（GB 50242—2002）要求如下：

8.2.1　管道安装坡度，当设计未注明时，应符合下列规定：

3. 散热器支管的坡度应为1‰，坡向应利于排气和泄水。

8.2.10　散热器支管长度超过1.5m时，应在支管上安装管卡。

检验方法：尺量和观察检查。

8.3.6　散热器背面与装饰后的墙内表面安装距离，应符合设计或产品说明书要求。如设计未注明，应为30mm。

检验方法：尺量检查。

8.3.7　散热器安装允许偏差应符合表8.3.7的规定。

### 4. 预防措施

（1）散热器的安装应依据施工现场地面实际情况及窗台面的高度确定散热器安装高度。

（2）在测出散热器供回水支管管口的间距后，依据支管的长度、坡度的要求确定立管中支管开挡间距。

（3）支管的坡向应正确，坡度应为1‰。

图 4-4　散热器支管坡度为 1‰

# 4.8　散热器温度达不到要求

### 1. 不符合现象

（1）室内温度达不到设计要求。

（2）暖气片温度低，半热半凉。

### 2. 产生原因

（1）采暖管路系统集气，热水循环不顺畅。

（2）系统未调试。

（3）用户更改设计，私加暖气片数，系统水力失调。

（4）单元供回水系统接驳相反。

### 3. 相关验收规范

《建筑给水排水及采暖工程施工质量验收规范》（GB 50242—2002）要求如下：

8.2.3　平衡阀及调节阀型号、规格、公称压力及安装位置应符合设计要求。安装完后应根据系统平衡要求进行调试并作出标志。

检验方法：对照图纸查验产品合格证，并现场查看。

8.2.9　采暖系统入口装置及分户热计量系统入户装置，应符合设计要求。安装位置应便于检修、维护和观察。

检验方法：现场观察。

8.2.11 上供下回式系统的热水干管变径应顶平偏心连接，蒸汽干管变径应底平偏心连接。

检验方法：观察检查。

**4. 预防措施**

（1）供回水管道的安装，一定要坡度均匀，坡向正确，管道变径符合要求，供水末端排气装置不得漏装、丢失、损坏。

（2）系统调试时，首先应检查单元采暖入口装置，压力表、温度计及阀门等安装齐全，并进行压力及温度的调节与平衡，户内平衡阀及调节阀按设计要求进行调节，散热器手动排气阀不得丢失损坏，调试时应排除散热器内的气体。

（3）单元供回水管道与室外管道连接时，应进行核实确认，不得相互接错。

（4）用户不得私自增加散热器片以免影响系统的供热。

# 4.9　横向管道遇门窗混凝土梁柱翻弯时，
# 未设排气、泄水装置

**1. 不符合现象**

遇门窗梁柱时，直接上下翻弯，影响系统正常运行，造成局部管道，气、水流量不畅，管道不热，室内温度达不到要求。

**2. 产生原因**

未按规定要求加装排气阀、泄水阀。

**3. 预防措施**

在横向干管安装中，如遇门窗、洞口、梁柱，需上下翻弯时，应根据管道安装的坡向、坡度，在翻弯的最高点安装自动排气阀，最低点安装泄水阀，使管道内的集气、污水能正常排出。

图 4-5　管道高点加装排气阀

# 4.10  管道焊接变径不符合要求

## 1. 不符合现象

不同管径管道焊接时,直接对接焊,未按要求进行变径处理。

## 2. 产生原因

(1) 对热水、蒸汽管道的管径变径连接方式不了解。
(2) 管径变径后连接焊接方法不正确。

## 3. 相关验收规范

《建筑给水排水及采暖工程施工质量验收规范》(GB 50242—2002) 要求如下:

8.2.11   上供下回式系统的热水干管变径应顶平偏心连接,蒸汽干管变径应底平偏心连接。

检查方法:观察检查。

## 4. 预防措施

(1) 在采暖管道安装中,立管的变径为大管径缩口与小管径同心。
(2) 横管干管变径中,大管径采用偏心缩口变径与小管径焊接。
(3) 在管道连接焊接时热水管为管上平偏心,蒸汽管为管下平偏心。

图 4-6   采暖立管采用同心大、小头

# 4.11　建筑物采暖入口处不安装入口装置

## 1. 不符合现象

（1）室内、外管道直接连接。
（2）室内采暖系统无法调试。
（3）检修困难。

## 2. 产生原因

（1）未按设计图要求设置入口装置。
（2）对入口装置的作用不了解，图省事。

## 3. 相关验收规范

《建筑给水排水及采暖工程施工质量验收规范》（GB 50242—2002）要求如下：

8.2.9　采暖系统入口装置及分户热计量系统入户装置，应符合设计要求。安装位置应便于检修、维护和观察。

检查方法：现场观察。

## 4. 预防措施

（1）在建筑物采暖入口处，供回水管一定要按设计图、标准图集安装入口装置。
（2）按要求配齐应有的阀门、压力表和温度计。

# 4.12　疏水器排水不畅，漏气过多

## 1. 不符合现象

疏水器安装使用后，凝结水排出不畅，漏气过多，影响供热效果。

## 2. 产生原因

（1）阀芯与阀座间杂物堵塞。
（2）阀孔堵塞，无法排水。
（3）蒸汽压力低，蒸汽和凝结水未进入疏水器。

## 3. 相关验收规范

《建筑给水排水及采暖工程施工质量验收规范》（GB 50242—2002）要求如下：

8.2.7　热量表、疏水器、除污器、过滤器及阀门的型号、规格、公称压力及安装位置应符合设计要求。

检验方法：对照图纸查验产品合格证。

#### 4. 预防措施

（1）疏水器不排水，拆开检查内部是否有杂脏物，并在疏水器前安装过滤器，排水量小时，应更换较大型号疏水器。

（2）疏水器密封面受损，应进行研磨使其密封，或更换新的合格产品。

（3）浮桶过轻，应适当增加浮桶重量，若蒸汽压力较低，应检查阀门是否畅通或堵塞，并调正蒸汽压力。

（4）疏水器应安装于接近用垫设备并在用热设备及管道凝结水排出口之下安装，疏水器应垂直安装在回水横管上，且在管道最低处，不得倾斜。阀体箭头与介质流向一致。

# 4.13 地辐热管敷设不符要求

### 1. 不符合现象

间距偏差大，弯曲度不准确，固定不牢固。

图 4-7 地辐热管道敷设凌乱

### 2. 产生原因

（1）未按图施工。

（2）施工随意。

### 3. 相关验收规范

《建筑给水排水及采暖工程施工质量验收规范》（GB 50242—2002）要求如下：

8.5.1 地面下敷设的盘管埋地部分不应有接头。

检验方法：隐蔽前现场查看。

8.5.2 盘管隐蔽前必须进行水压试验，试验压力为工作压力的 1.5 倍，但不小于 0.6MPa。

检验方法：稳压 1h 内压力降不大于 0.05MPa 且不渗不漏。

8.5.3 加热盘管弯曲部分不得出现硬折弯现象，曲率半径应符合下列规定：

1. 塑料管：不应小于管道外径的 8 倍。

2. 复合管：不应小于管道外径的 5 倍。

检验方法：尺量检查。

8.5.5 加热盘管管径、间距和长度应符合设计要求。间距偏差不大于±10mm。

检验方法：拉线和尺量检查。

### 4. 预防措施

（1）盘管的间距应符合设计要求，偏差不大于±10mm。

（2）管弯曲部位弯曲半径不小于管外径的 8 倍。

（3）直线段管卡间距为 50cm，弯曲部位为 20～30cm，圆弧顶部弯曲管应进行管卡固定。

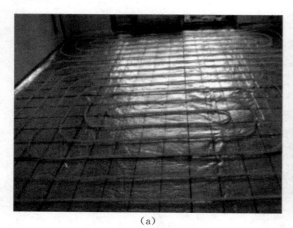 

（a）                                （b）

图 4-8　地辐热管道敷设顺直，固定牢固

## 4.14　户内集、分水器安装不规范

### 1. 不符合现象

（1）出地坪管道弯曲不顺直。

### 2. 产生原因

弯曲管未加套管，无固定。

### 3. 相关验收规范

《建筑给水排水及采暖工程施工质量验收规范》（GB 50242—2002）要求如下：

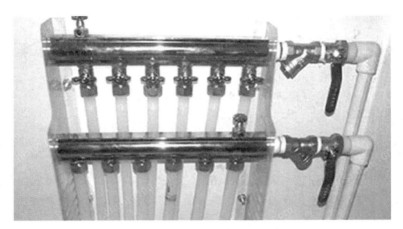

图 4-9　管道出地坪弯曲不顺直

8.5.4　分、集水器型号、规格、公称压力及安装位置、高度等应符合设计要求。

检验方法：对照图纸及产品说明书，尺量检查。

**4. 预防措施**

（1）集、分水器固定于墙壁或专用箱内要牢固，距地面宜大于 300mm。

（2）出地坪管应加设弯头，并进行固定。

图 4-10　户内分、集水器出地坪管顺直并加设套管

## 4.15　高层建筑地辐热暖井内分户，户内供回水管连接错位

**1. 不符合现象**

（1）分户供回水管道相互连接错位。

（2）户内供回水管相互连接错位。

**2. 产生原因**

（1）未按暖井设计大样图施工。
（2）分户供回水管入暖井排列序乱，无标记。
（3）户内供回水管无标识。

**3. 相关验收规范**

《建筑给排水及采暖工程施工质量验收规范》（GB 50242—2002）要求如下：

8.5.4　分、集水器型号、规格、公称压力及安装位置、高度等应符合设计要求。

检验方法：对照图纸及产品说明书，尺量检查。

**4. 预防措施**

（1）参考暖井设计大样图，进行二次优化综合排布。
（2）入暖井内分户供回水管道应排列整齐，并进行固定。
（3）分户、户内供回水管道应分别进行编号，并做出标记。
（4）分户、户内供回水支管与暖井分户、户内主支管连接时，应按编号标记，仔细进行核对，确保分户、户内管道连接正确。

# 4.16　高层建筑地辐热暖井内管道安装质量缺陷

**1. 不符合现象**

（1）入暖井分户供回水管相互交叉、凌乱。
（2）暖境内分户主、支管排列不整齐。
（3）分户管道与暖井内分户支管连接管道弯曲倾斜，影响观感质量。

图 4-11　管井内主、支管排列不整齐

## 2. 产生原因

（1）入暖井管道无序，未进行整体策划。

（2）弯曲部位前后管道未进行调直、固定。

（3）暖井内分户主、支管成排管道不平行不垂直，间距不一，阀门、器具高度不一。

## 3. 相关验收规范

《建筑给排水及采暖工程施工质量验收规范》（GB 50242—2002）要求如下：

8.5.3　加热盘管弯曲部分不得出现硬折弯现象，曲率半径应符合下列要求：

1. 塑料管：不应小于管道外径的 8 倍。

2. 复合管：不应小于管道外径的 5 倍。

检验方法：尺量检查。

8.5.5　加热盘管管径、间距和长度应符合设计要求。间距偏差不大于±10mm。

检验方法：拉线和尺量检查。

## 4. 预防措施

（1）管井内管道应进行二次优化。

（2）分户供回水管道入暖井时，应与暖井内分户支管对应分别排列整齐，并进行固定。

（3）在与井内分户支管连接时，出地坪弯曲部位管道，应加装 90°直角套管，直角套管的中心点应成一条直线。

（4）在直角套管弯曲中心点 10cm 地坪位置上对入井管道分别进行固定。

（5）分户管道与暖井内分户支管连接时，出地坪管道应调直调顺。井内分户支管安装阀门、器具标高一致，管道平行、垂直，间距一致。

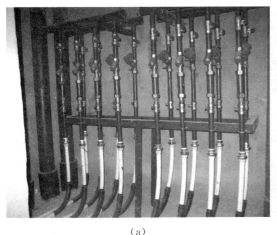
（a）

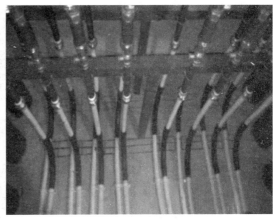
（b）

图 4-12　管井内主、支管排列整齐美观

# 4.17 管道保温层质量观感差

## 1. 不符合现象

（1）保温材料脱落。

（2）保温层松散。

（3）表面粗糙，凹凸不平。

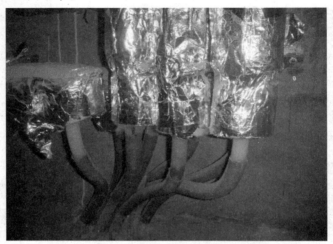

图 4-13 管道保温层表面粗糙、凹凸不平

## 2. 产生原因

（1）产品质量差，材料受损。

（2）保温材料与管道接触不严实。

（3）操作方法、施工工艺不正确。

## 3. 相关验收规范

《建筑给水排水及采暖工程施工质量验收规范》（GB 50242—2002）要求如下：

4.4.8 管道及设备保温层的厚度和平整度的允许偏差应符合表 4.4.8 的规定。

表 4.4.8 管道及设备保温层的允许偏差和检验方法

| 项次 | 项目 | | 允许偏差（mm） | 检验方法 |
|---|---|---|---|---|
| 1 | 厚度 | | $+0.1\delta$<br>$-0.05\delta$ | 用钢针刺入 |
| 2 | 表面平整度 | 卷材 | 5 | 用 2m 靠尺和楔形塞尺检查 |
| | | 涂抹 | 10 | |

注：$\delta$ 为保温层厚度。

## 4. 预防措施

（1）保温材料的产品质量、密实度及含水率必须符合相关的标准要求。

（2）保温材料在运输、保管、操作使用过程中，应轻拿轻放，不得乱丢乱扔，严禁踩踏，工程中禁用破损材料。

（3）岩棉管与管道保温时，立管底部应加设圆形托盘。管之间纵向接缝错开，横管保温时，横向接缝应位于管道两侧或管下部。保温管与管道接触严实。

（4）不同管径使用不同规格保温套管，保温管严禁以大代小。保温管之间的接缝，可采用透明自粘带粘结，且粘牢。

（5）橡塑管、橡塑板的保温，不同管径使用不同规格橡塑保温管，橡塑保温板下料应准确，粘结胶水涂刷均匀，与管道表面接触严实。管、板接缝口平整，管之间接缝可采用自粘橡塑带粘封。

（6）当保温管道须作保护壳、保护层时，第一，金属保护壳展开面下料准确，接缝咬口顺直，保护管壳的外表面圆滑，不得有凹凸不平现象，转角弯头部位，应以弯头的大小制作多节虾米弯进行咬口拼接；第二，玻璃丝布保护壳，玻璃丝布应采用自卷细密目网玻璃布，宽度不超过25cm，沿保温管螺旋形缠绕，后边缠绕压前边缠绕玻璃布的1/3，缠绕时玻璃布应拉直、拉平，用力均匀，不得出现缠绕松紧现象。

（7）保温工作完成后，应做好产品的保护工作，严禁踩踏、碰撞、挤压。

图 4-14　保温表面平滑

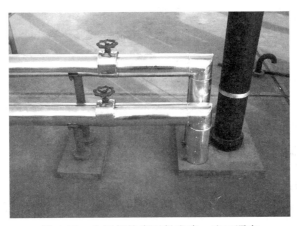

图 4-15　金属保护壳下料准确，咬口顺直

# 5 消防、自喷灭火系统

## 5.1 室内消火栓安装不符合要求

### 1. 不符合现象

（1）栓口渗漏滴水。

（2）标高位置不准，栓口不朝外。

（3）栓口安装在门轴侧。

### 2. 产生原因

（1）消防管道未按规定进行冲洗。

（2）消火栓的安装未按图集要求安装。

（3）箱（柜）尺寸不符合消防要求的规定。

### 3. 相关验收规范

《建筑给水排水及采暖工程施工质量验收规范》（GB 50242—2002）要求如下：

4.3.3 箱式消火栓的安装应符合下列规定：

1. 栓口应朝外，并不应安装在门轴侧。

2. 栓口中心距地面为1.1m，允许偏差±20mm。

3. 阀门中心距箱侧面为140mm，距箱后内表面为100mm，允许偏差为±5mm。

4. 消火栓箱体安装的垂直度允许偏差为3mm。

检查方法：观察和尺量检查。

### 4. 预防措施

（1）消火栓箱（柜）安装前，对箱（柜）尺寸及外观进行质量检查，尺寸必须符合消防部门的要求，并查验消防部门对产品的安全形式检验报告、准运证、产品合格证。

（2）消火栓安装时，必须保证栓口中心距地面1.10m，距箱侧面0.14m，距箱后内表面0.1m，栓口朝外。

（3）消火栓不得安装在门开启的一侧，栓口朝外，且开启灵活。栓口不得有渗漏滴水现象。

（4）管道安装后应按规定进行试压冲洗。

**5. 工程实例图片**

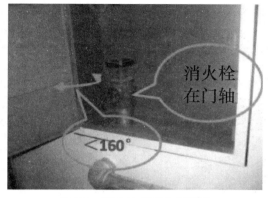

图 5-1 消火栓安装在门轴侧

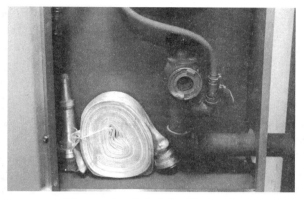

图 5-2 消火栓安装位置符合要求

# 5.2 消火箱（柜）内报警按钮遮盖，水龙带接口处绑扎不牢固，影响消防灭火

**1. 不符合现象**

（1）火灾发生后不能及时报警，启动消防水泵。

（2）水龙带接口脱落，影响灭火。

**2. 产生原因**

（1）对消防施工验收的规范、规定不熟悉。

（2）消防带、胶带卷盘、挂架、器具未按要求放置。

（3）水龙带与水枪快速接口绑扎不正确、不牢固。

**3. 相关验收规范**

《建筑给水排水及采暖施工质量验收规范》（GB 50242—2002）要求如下：

4.3.2 安装消火栓水龙带、水龙带与水枪和快速接口绑扎好后，应根据箱内构造将水龙带挂放在箱内的挂钉、托盘或支架上。

检查方法：观察检查。

**4. 预防措施**

（1）消防箱（柜）内的水枪、水龙带应配置齐全，放置应有序、整齐。

（2）胶带卷盘、挂架应固定牢固，水龙带、卷盘不应遮挡报警按钮。

（3）水龙带及水枪与快速接口连接时应采用成品卡箍卡牢，或采用 14 号铜丝缠绕 2～3 圈，对称拧紧。

**5. 工程实例图片**

图 5-3    箱内水龙带放置有序，绑扎牢固

# 5.3    消防给水系统阀门选择不符合要求

**1. 不符合现象**

（1）管道主要控制阀门采用暗杆闸阀等无明显启闭标志的阀门。

（2）隐蔽安装的主要控制阀门在明显处没有设置指示其位置的标记。

**2. 产生原因**

（1）对消防管道系统运行的安全稳定性认识不够。

（2）对明杆阀门和暗杆阀门的动作原理不了解。

**3. 相关验收规范**

《消防给水及消火栓系统技术规范》（GB 50974—2014）要求如下：

8.3.1    消防给水系统的阀门选择应符合下列规定：

1. 埋地管道的阀门宜采用带启闭刻度的暗杆闸阀，当设置在阀门井内时可采用耐腐蚀的明杆闸阀。

2. 室内架空管道的阀门宜采用蝶阀、明杆闸阀或带启闭刻度的暗杆闸阀等。

3. 室外架空管道宜采用带启闭刻度的暗杆闸阀或耐腐蚀的明杆闸阀；

4. 埋地管道的阀门应采用球墨铸铁阀门，室内架空管道的阀门应采用球墨铸铁或不锈钢阀门，室外架空管道的阀门应采用球墨铸铁阀门或不锈钢阀门。

**4. 预防措施**

（1）管道主要控制阀门应采用有明显启闭标志的阀门。

（2）管道暗装阀门应在明显处标志其安装位置。

**5. 工程实例图片**

图 5-4　消防管道上采用明杆闸阀

# 5.4　自动喷水灭火系统消防水泵出水管路阀门及仪表安装不符合要求

**1. 不符合现象**

（1）消防水泵出水管上未安装检查用的放水阀门。

（2）消防水泵泵组总出水管上不安装压力表和泄压阀。

**2. 产生原因**

（1）施工安装未考虑消防系统检修和调试时系统排水问题。

（2）设计或安装未考虑管道系统超压会造成管道及附件损坏。

### 3. 验收规范

《自动喷水灭火系统施工及验收规范》（GB 50261—2005）中要求如下：

4.2.4　消防水泵的出水管上应安装止回阀、控制阀和压力表，或安装控制阀、多功能水泵控制阀和压力表；系统的总出水管上还应安装压力表和泄压阀；安装压力表时应加设缓冲装置。压力表和缓冲装置直接应安装旋塞；压力表量程应为工作压力的2～2.5倍。

检查数量：全数检查。

检查方法：观察检查。

### 4. 预防措施

（1）施工安装应考虑到水泵安装检查和调试放水的工作，在消防水泵出水管安装检查和试水用的 $DN65$ 放水阀门，并宜接入水池（箱）。

（2）水泵泵组总出水管应安装压力表和泄压阀，清楚显示管道的压力值，当出现超压状态，立即开启泄压阀降压，保障系统安全。

### 5. 工程实例图片

图 5-5　消防水泵出水管路阀门及仪表安装

## 5.5　自动喷水灭火系统消防水泵吸水管及其附件安装不符合要求

### 1. 不符合现象

（1）消防水泵吸水管上的控制阀采用无可靠锁定装置的蝶阀。

（2）消防水泵吸水管水平管道上产生气囊和漏气现象。

（3）消防水泵和消防水池位于两个独立基础上，水泵吸水管与水池采用刚性连接。

### 2. 产生原因

（1）不了解水泵吸水会冲击蝶阀阀板导致碟阀关小或关闭，影响水泵出水量。

（2）水泵吸水管水平安装时有倒坡或管道不上平。管道变径连接时，未采用偏心异径管或未采用管顶平接。

（3）施工安装未考虑应力消除，导致水池吸水管周围渗漏水。

### 3. 验收规范

《自动喷水灭火系统施工及验收规范》（GB 50261—2005）中要求如下：

4.2.3 吸水管及其附件的安装应符合下列要求：

1. 吸水管上应设过滤器，并应安装在控制阀后。

2. 吸水管上的控制阀应在消防水泵固定于基础之上后再进行安装，其直径不应小于消防水泵吸水口直径，且不应采用没有可靠锁定装置的蝶阀，蝶阀应采用沟槽式或法兰式蝶阀。

检查数量：全数检查。

检查方法：观察检查。

3. 当消防水泵和消防水池位于独立的两个基础上且互相为刚性连接时，吸水管上应加柔性连接管。

检查数量：全数检查。

检查方法：观察检查。

4. 吸水管水平管段上不应有气囊和漏气现象，变径连接时，应采用偏心异径管件并采用管顶平接。

检查数量：全数检查。

检查方法：观察检查。

### 4. 预防措施

（1）消防泵吸水管上控制阀不使用蝶阀。

（2）水泵吸水管水平安装采用大小头时必须上平，并找坡度使水泵一侧高于吸水管一侧。

（3）消防水泵和消防水池位于两个独立基础上时，水泵吸水管上加装柔性连接管。

### 5. 工程实例图片

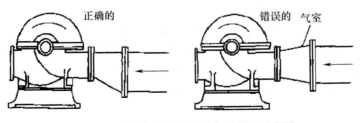

图 5-6 正确和错误的水泵吸水管安装示意图

## 5.6 自喷管道支管塌腰弯曲，喷头随意改变位置

### 1. 不符合现象

（1）支管安装后不平整，管道不在同一直线。

（2）喷头位置遇风管，电缆桥架碰撞，任意调换安装位置。

### 2. 产生原因

（1）管道安装前管道未调直，管件偏心、偏丝。

（2）管道与支架接触不严密，支架间距过大，受力不均匀。

（3）缺乏工种之间的图纸会审及二次优化设计。

### 3. 相关验收规范

《自动喷水灭火系统施工及验收规范》（GB 50261—2005）要求如下：

5.1.8 管道支架、吊架、防晃支架的安装应符合下列要求：管道应固定牢固；管道支架或吊架之间的距离不应大于表5.1.8的规定

表 5.1.8 管道支架或吊架之间的距离

| 公称直径（mm） | 25 | 32 | 40 | 50 | 70 | 80 | 100 | 125 | 150 | 200 | 250 | 300 |
|---|---|---|---|---|---|---|---|---|---|---|---|---|
| 距离（m） | 3.5 | 4.0 | 4.5 | 5.0 | 6.0 | 6.0 | 6.5 | 7.0 | 8.0 | 9.5 | 11.0 | 12.0 |

检查数量：抽查20%，且不得少于5处。

检查方法：尺量检查。

6. 管道支架、吊架、防晃支架的型式、材质、加工尺寸及焊接质量等，应符合设计要求和国家现行有关标准的规定。

7. 管道支架、吊架的安装位置不应妨碍喷头的喷水效果；管道支架、吊架与喷头之间的距离不宜小于300mm；与末端喷头之间的距离不宜大于750mm。

检查数量：抽查20%，且不得少于5处。

检查方法：尺量检查。

8. 配水支管上每一直管段、相邻两喷头之间的管段设置的吊架均不宜少于1个，吊架的间距不宜大于3.6m。

检查数量：抽查20%，且不得少于5处。

检查方法：观察检查和尺量检查。

9. 当管道的公称直径等于或大于50mm时，每段配水干管或配水管设置防晃支架不应少于1个，且防晃支架的间距不宜大于15m；当管道改变方向时，应增设防晃支架。

10. 竖直安装的配水干管除中间用管卡固定外，还应在其始端和终端设防晃支架或采用管卡固定，其安装位置距地面或楼面的距离宜为1.5~1.8m。

检查数量：全数检查。

检查方法：观察检查和尺量检查。

## 4. 预防措施

（1）管道在装卸搬运中，应轻拿轻放，受压弯曲管道应进行调直。

（2）管件的选用应为合格产品，不得有偏丝、缺丝现象。

（3）管道安装时，依据管道标高拉线，并确定支架间距。支架应安装牢固，与管道接触紧密。

（4）主管道在始末端及拐弯改变方向、支管距支管末端喷头0.6m处均加装防晃支架。

（5）喷头安装遇风管、桥架时在改变安装位置时，应经消防部门的签字认可。

（6）同时在喷头安装时，须与吊顶施工紧密配合。

## 5. 工程实例图片

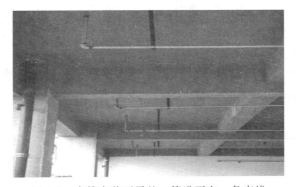

图5-7　支管安装不平整，管道不在一条直线

图5-8　支管安装平整，喷头排列整齐

# 5.7　自喷管喷头丝口渗漏

## 1. 不符合现象

自喷管水压实验通水后，喷头丝口滴水渗漏。

### 2. 产生原因

（1）喷头螺纹光洁度、丝扣数不符合要求。

（2）管件有砂眼，丝扣有裂纹、断丝。

（3）喷头重新拆装、改动。

### 3. 相关验收规范

《自动喷水灭火系统施工及验收规范》（GB 50261—2005）要求如下：

5.2.1　喷头安装应在系统试压，冲洗合格后进行。

检查数量：全数检查。

检查方法：检查系统试压，冲洗记录表。

5.2.2　喷头安装时，不得对喷头进行拆装、改动，并严禁给喷头附加任何装饰性涂层。

检查数量：全数检查。

检查方法：观察检查。

5.2.3　喷头安装应使用专业扳手，严禁利用喷头的框架施拧；喷头的框架、溅水盘产生变形或释放原件损伤时，应采用规格、型号相同的喷头更换。

检查数量：全数检查。

检查方法：观察检查。

### 4. 预防措施

（1）喷水灭火系统的施工应有消防安装许可证的专业队伍安装。

（2）喷头产品必须采用经国家消防产品质量监督检测中心检验合格的产品。

（3）喷头安装必须在管网系统经过试压、冲洗后进行。

（4）安装时应使用专用扳手，用力均匀平稳，生料带缠绕顺时针方向并适当。

（5）喷头紧固后不得随意拆卸、改动。

（6）有吊顶的喷头安装，应配合吊顶的安装，喷头应外露与吊顶板下，不得置于吊顶板中，且喷头装饰碗应与吊顶板接触严密。

### 5. 工程实例图片

(a) 侧式

(b) 直立式

图 5-9　喷头支管安装紧固，合格

# 5.8　自动喷水系统信号阀安装不符合要求

## 1. 不符合现象

（1）信号阀安装在水流指示器后边。

（2）信号阀与水流指示器直接连接。

## 2. 产生原因

（1）缺乏自动喷水灭火知识。

（2）信号阀、水流指示器的使用功能不了解。

## 3. 相关验收规范

《自动喷水灭火系统施工及验收规范》（GB 50261—2005）要求如下：

5.4.1　水流指示器的安装应符合下列要求：

（1）水流指示器的安装应在管道试压和冲洗合格后进行，水流指示器的规格、型号应符合设计要求。

检查数量：全数检查。

检查方法：对照图纸观察检查和检查管道试压和冲洗记录。

（2）水流指示器应使电气原件部位竖直安装在水平管道上侧，其动作方向应和水流方向一致；安装后的水流指示器桨片、膜片应动作灵活，不应与管壁发生碰擦。

检查数量：全数检查。

检查方法：观察检查。

5.4.6　信号阀应安装在水流指示器前的管道上，与水流指示器之间的距离不宜小于300mm。

检查数量：全数检查。

检查方法：观察检查和尺量检查。

**4. 预防措施**

（1）信号阀、水流指示器应安装在分区域的自喷水平干管上。

（2）信号阀应安装在水流指示器前段，而且两者之间有不小于30cm的短管连接。

（3）水流指示器的安装应在管网系统试压，冲洗后进行。其动作方向和水流向一致。

**5. 工程实例图片**

图 5-10　水流指示器和信号阀组合正确安装图

# 5.9　自动喷水系统报警阀组安装不符合要求

**1. 不符合现象**

（1）报警阀安装后，阀瓣处渗漏。

（2）自动喷水灭火系统报警阀或控制阀的阀瓣及操作机构动作不灵活，甚至发生卡涩现象。

（3）报警阀与水源控制阀位置随意调换，报警阀方向与水源水流方向装反，辅助管道紊乱等。

（4）报警阀安装位置不便于操作。

**2. 产生原因**

（1）自动喷水灭火系统报警阀安装前不做渗漏性试验，导致阀瓣处渗漏，火灾报警不准确。

（2）报警阀和控制阀安装前未进行阀门功能检查。

（3）对火灾发生时系统启动原理以及报警阀与控制阀的使用功能不了解。

（4）设计人员未做明确要求，施工安装人员对消防施工验收的规范、规定不熟悉。

### 3. 相关验收规范

《自动喷水灭火系统施工及验收规范》（GB 50261—2005）中要求如下：

5.3.1 报警阀组的安装应在供水管网试压、冲洗合格后进行。安装时应先安装水源控制阀、报警阀，然后进行报警阀辅助管道的连接。水源控制阀、报警阀与配水干管的连接，应使水流方向一致。报警阀组安装的位置应符合设计要求；当设计无要求时，报警阀组应安装在便于操作的明显位置，距室内地面高度宜为1.2m；两侧与墙的距离不应小于0.5m；正面与墙的距离不应小于1.2m；报警阀组凸出部分之间的距离不应小于0.5m。安装报警阀组的室内地面应有排水设施。

检查数量：全数检查。

检查方法：观察检查。

### 4. 预防措施

（1）自动喷水灭火报警阀应逐个进行渗漏试验，试验压力应为额定工作压力的2倍，试验时间为5min，阀瓣处无渗漏方可安装。

（2）报警阀和控制阀安装前应认真检查，保证阀瓣及操作机构动作灵活，无卡涩现象，阀体内应清洁，无异物堵塞。

（3）施工安装时严格按照有关施工及验收规范要求进行安装。

### 5. 工程实例图片

图 5-11 湿式报警阀组安装图

# 6 综 合

## 6.1 安装材料、设备质量不符合要求

### 1. 不符合现象

（1）工程质量不合格，达不到使用功能。

（2）存在质量事故隐患。

（3）返工修理，浪费人力、财力资源。

### 2. 产生原因

（1）以降低工程成本为由，选用非标材质，不合格设备。

（2）材料、设备进场，未认真进行质量检查、验收。

（3）未按设计要求，采购相应的材料设备，选用替代产品。

### 3. 相关验收规范

《建筑给水排水及采暖工程施工质量验收规范》（GB 50242—2002）要求如下：

3.2.1 建筑给水、排水及采暖工程所使用的主要材料、成品半成品、配件、器具和设备必须具有中文质量合格证明文件，规格、型号及性能检测报告应符合国家技术标准或设计要求。进场时应做检查验收，并经监理工程师核查确认。

3.2.2 建筑给水、排水及采暖工程所使用的主要材料、成品半成品、配件、器具和设备必须具有中文质量合格证明文件，规格、型号及性能检测报告应符合国家技术标准或设计要求。进场时应做检查验收，并经监理工程师核查确认。

3.2.3 进场的主要器具和设备应有安装使用说明书是抓好工程质量的重要一环。调研中了解到器具和设备在安装上不规范、不正确的安装满足不了使用功能的情况时有出现，运行调试不按程序进行导致器具或设备损坏，所以增加此内容。在运输、保管和施工过程中对器具和设备的保护也很重要，措施不得当就有损坏和腐蚀情况。

4.1.2 给水管道必须采用管材相适应的管件。生活给水系统所涉及的材料必须达到以饮用水卫生标准。

### 4. 预防措施

（1）工程所用材料、设备应符合国家或行业颁发的现行质量技术标准。

（2）材料设备进场应逐一进行检查验收，核查生产厂家的检测报告、产品说明书、产品清单。

（3）查验有检测资质方对产品的检测、鉴定、结论报告。

（4）现场材料、设备的检查、验收应经工程监理的核查确认，并形成记录。

## 6.2 管道孔洞预留不准

### 1. 不符合现象

预留孔洞不正确，管道安装时二次重新砸孔洞，破坏主体结构及墙体。

图 6-1 预留洞口不准，二次重新砸洞破坏主体结构

### 2. 产生原因

（1）操作人员责任心不强，对土建的结构、墙体轴线、装饰面了解不够。

（2）未结合设计图纸及管径的大小计算确定预留孔洞的标高坐标及距墙的尺寸位置。

### 3. 相关验收规范

《建筑给水排水及采暖工程施工质量验收规范》（GB 50242—2002）要求如下：

3.1.3 建筑给水、排水及采暖工程的施工应编制施工组织设计或施工方案，经批准后方可实施。

### 4. 预防措施

（1）施工人员应认真熟悉图纸，掌握设计意图，了解工艺原理，并编制管道安装施工方案。

（2）与土建施工人员进行沟通，依土建墙体的轴线对所安装的管道，确定出孔洞预留的位置、标高、大小。

（3）当土建在板墙钢筋绑扎、墙砌体时，计算测量出的孔洞位置的标高中心点，并将预制加工好的套管（木模盒）固定在孔洞预留位置，并进行固定。

（4）在混凝土浇筑过程中，由专人配合跟踪检查并进行孔洞位置的复核。

# 6.3 管道焊接不符合要求

## 1. 不符合现象

（1）管道焊接后不在一条中心直线上。

（2）焊缝的宽度、高度不符合质量要求。

图 6-2 焊缝不符合要求

## 2. 产生原因

（1）接口错位。

（2）对口未留间隙，管口管壁未坡口。

## 3. 相关验收规范

《建筑给水排水及采暖工程施工质量验收规范》（GB 50242—2002）要求如下：

5.3.8 雨水钢管管道焊口允许偏差应符合表 5.3.8 的规定。

表 5.3.8 钢管管道焊口允许偏差和检验方法

| 项次 | 项目 | | 允许偏差 | 检验方法 |
|------|------|------|---------|---------|
| 1 | 焊口平直度 | 管壁厚 10mm 以内 | 管壁厚 1/4 | 焊接检验尺和游标卡尺检查 |
| 2 | 焊缝加强面 | 高度 | +1mm | |
| | | 宽度 | | |
| 3 | 咬边 | 深度 | 小于 0.5mm | 直尺检查 |

## 4. 预防措施

（1）DN40 以上的焊接管、无缝管，管口应进行坡口。

（2）管口焊接时应用水平尺进行测量，且两管口之间留有一定间隙，焊接时使两管在同一中心轴线。

（3）焊接人员应持证上岗操作，焊缝的高度、宽度应符合规范要求。

图 6-3　焊缝美观，质量符合要求

# 6.4　焊接管焊口渗漏

## 1. 不符合现象

管道使用后，焊口滴水。

## 2. 产生原因

（1）作业人员未培训，无证上岗。
（2）焊条使用不当。
（3）电流调配不正确。
（4）焊后焊缝未及时防腐处理。

## 3. 相关验收规范

《建筑给水排水及采暖工程施工质量验收规范》（GB 50242—2002）要求如下：

4.2.6　管道及管件焊接的焊缝表面质量应符合下列要求：

（1）焊缝外形尺寸应符合图纸和工艺文件的规定，焊缝高度不得低于母材表面，焊缝与母材应圆滑过渡。

（2）焊缝及热影响区表面应无裂纹、未熔合、未焊透、夹渣、弧坑和气孔等缺陷。

检验方法：观察检查。

## 4. 预防措施

（1）操作人员应持证上岗。

（2）在管道焊接前，按规定对管口进行坡口处理，同时依据管径大小连接管之间留一定间隙。

（3）依据管径的大小选用适宜的电焊条，电焊条应保持干燥。电焊机电流的大小应随管径大小、焊条的规格调整电流，在焊接中，不得出现夹渣咬肉现象。

（4）焊后应及时敲掉焊渣、药皮，并进行防腐处理。

## 6.5　供水、排水管道出外墙或地下构筑墙体无套管

### 1. 不符合现象

（1）墙体潮湿。

（2）室外积水渗漏室内。

（3）管道维修破坏外墙防水。

### 2. 产生原因

（1）未按要求预埋穿墙套管。

（2）无单独的管道防水地沟。

### 3. 相关验收规范

《建筑给水排水及采暖工程施工质量验收规范》（GB 50242—2002）要求如下：

3.3.3　地下室或地下构筑物外墙有管道穿过的，应采取防水措施。对有严格防水要求的建筑物，必须采用柔性防水套管。

### 4. 预防措施

（1）供水、排水管道出外墙或地下构筑物墙体时，必须预埋排出管道的套管，套管分刚性套管和柔性套管，对防水要求严格的外墙构筑物房间，墙体应预埋柔性套管。

（2）预埋在墙体内的套管标高、位置应准确，固定牢固，刚性套管管内环缝应采用防水材料封堵密实。

（3）一般建筑物出外墙供水排水管道应有单独防水地沟，地沟内管道安装完后，在外墙处应有防室外积水流入室内的防水隔挡措施。

（4）外墙防水施工完后，如需再次安装管道，必须有对管道、墙体的防水、防渗漏补救措施。

## 6.6　地下室混凝土剪力墙出外墙管道、套管漏水

### 1. 不符合现象

管道、套管周围漏水。

### 2. 产生原因

（1）管道、套管周围混凝土振捣不密实。

（2）刚性套管穿墙体未焊止水环。

（3）对防水要求较严的剪力墙未预埋柔性套管。

### 3. 相关验收规范

《建筑给水排水及采暖工程施工质量验收规范》（GB 50242—2002）要求如下：

3.3.3　地下室或地下构筑物外墙有管道穿过的，应采取防水措施。对有严格防水要求的建筑物，必须采用柔性防水套管。

### 4. 预防措施

（1）在混凝土剪力墙钢筋网片绑扎时，依据管道的标高位置，确定出预埋套管的标高位置中心点。

（2）刚性套管应在套管长度的½处，双面施焊宽度大于10cm以上的钢板止水环。当混凝土墙厚度超过50cm时，应焊两道止水环。

（3）对防水要求较严的墙体，应预埋柔性套管。

（4）套管的固定应采用"井"字型，将井字型的钢筋分别施焊在钢筋网片的主筋上。

（5）在钢筋网片上浇筑混凝土时，应派专人负责监管，以保证套管的标高位置的准确、不移位，及套管周边混凝土振捣的密实度。

（6）对于刚性防水套管，套管与管道的环形间隙，中间部位填放拧紧油麻夯实，两端用石棉水泥捻打密实。

## 6.7　穿楼板预埋套管不符合要求

### 1. 不符合现象

（1）套管出楼板高度不统一。

（2）套管周边滴水渗漏。

图 6-4　套管高低不一

### 2. 产生原因

（1）套管的长度下料不准。

（2）套管在补洞封堵时，混凝土封堵不密实。

### 3. 相关验收规范

《建筑给水排水及采暖工程施工质量验收规范》（GB 50242—2002）要求如下：

3.3.13 管道穿过墙壁和楼板，应设置金属或塑料套管。安装在楼板内的套管，其顶部高出装饰地面20mm；安装在卫生间及厨房内的套管，其顶部应高出装饰地面50mm，底部应与楼板底面相平；安装在墙壁内的套管其两端与饰面相平。穿过楼板的套管与管道之间缝隙宜用阻燃密实材料填实，且端面应光滑。管道的接口不得设在套管内。

### 4. 预防措施

（1）套管下料的长度，应依据板层、垫层、装饰板等厚度合并计算，确定套管长度。一般套管高出装饰地面2cm，卫生间套管高出装饰地面5cm，套管底部与楼板底面齐平。

（2）套管在补洞封堵前，套管周边混凝土应凿毛糙，并洒水清除混凝土浮砂石。

（3）在吊支模后，采用细石混凝土浇灌，并用 $\phi 6$ 钢筋振捣密实，细石混凝土浇筑应分两次进行。

（4）卫生间的套管在土建防水施工完成后，不得再次进行套管的安装，以避免破坏防水层使套管周边板面渗漏。

图 6-5　套管高度一致

## 6.8　套管内管道环缝不均匀

### 1. 不符合现象

套管内管道不居中，环缝间隙偏差大。

图 6-6　套管内管道不居中

## 2. 产生原因

管道安装后，套管内管道未及时进行检查固定。

## 3. 相关验收规范

《建筑给水排水及采暖工程施工质量验收规范》（GB 50242—2002）要求如下：

3.3.13　管道穿过墙壁和楼板，应设置金属或塑料套管。安装在楼板内的套管，其顶部高出装饰地面 20mm；安装在卫生间及厨房内的套管，其顶部应高出装饰地面 50mm，底部应与楼板底面相平；安装在墙壁内的套管其两端与饰面相平。穿过楼板的套管与管道之间缝隙宜用阻燃密实材料填实，且端面应光滑。管道的接口不得设在套管内。

## 4. 预防措施

（1）安装的管道穿入套管后，应及时校正管道与套管环缝间隙，套管与所安装的管道同心。

（2）在套管与管道调正校正后，应及时对套管及套管内管道进行固定。

（3）套管内环缝采用油麻塞填，环缝上下石棉水泥封堵，上部与套管口齐平。

（4）在吊补套管洞口时，要保证套管不移位并观察套管内的环缝间隙均匀。

图 6-7　管道处于套管中心，填缝美观齐平

图 6-8　管道处于套管中心，填缝美观齐平

## 6.9　隐蔽工程项目不报验或不合格便进行下道工序的施工

### 1. 不符合现象

（1）工程存在质量、安全隐患。

（2）重新返工，人力、物力、财力浪费。

### 2. 产生原因

（1）施工人员无责任心，无质量意识。

（2）抢赶工程进度。

### 3. 相关验收规范

《建筑给水排水及采暖工程施工质量验收规范》（GB 50242—2002）要求如下：

3.3.1　建筑给水、排水及采暖工程与相关专业之间，应进行交接质量检验，并形成记录。

3.3.2　隐蔽工程应在隐蔽前经验收各方检验合格后，才能隐蔽，并形成记录。

### 4. 预防措施

（1）埋入地面下、混凝土部位、吊顶上的管道必须进行灌水、水压试验，并经工程监理的检查确认。

（2）隐蔽工程项目在报审验收前，施工班组、技术人员应进行工程项目的自检、互检，工程质量必须合格。

（3）工序的相接、施工，按规定办理工序交接，中间交接检查并形成记录，方可进行下道工序的施工。

## 6.10　冬季施工在负温度下对管道进行灌水、水压试验

### 1．不符合现象

灌水、水压试验管内存水结冰，冻裂管道和阀门。

### 2．产生原因

（1）灌水、水压试验时未采取有效的防寒防冻措施。
（2）管内存水排放不及时未清尽。

### 3．预防措施

（1）冬季施工期间，尽量减少管道灌水、水压试验工作，将此项工作尽量安排在冬季施工前完成。
（2）冬季进行灌水、水压实验时，要有防寒防冻措施，编有专项实验方案，并有主管部门领导的审批。
（3）灌水、水压试验完成结束后，应及时将管内存水排放，阀门内积水必须清理干净，在有条件的情况下，可采用压缩空气对试验管道进行清吹。
（4）当气温在－5℃以下时，严禁对管道进行灌水、水压试验。

## 6.11　管道支、吊架制安不符合要求

### 1．不符合现象

管道投入使用后，支、吊架损坏，脱落。

### 2．产生原因

（1）未按设计要求及标准图集制作安装支、吊架。
（2）支、吊架间距不符合要求，固定不牢固。

### 3．相关验收规范

《建筑给水排水及采暖工程施工质量验收规范》（GB 50242—2002）要求如下：
3.3.8　钢管水平安装的支、吊架间距不应大于表3.3.8的规定。

表 3.3.8　钢管管道支架的最大间距

| 公称直径（mm） | | 15 | 20 | 25 | 32 | 40 | 50 | 70 | 80 | 100 | 125 | 150 | 200 | 250 | 300 |
|---|---|---|---|---|---|---|---|---|---|---|---|---|---|---|---|
| 支架最大间距 | 保温管 | 2 | 2.5 | 2.5 | 2.5 | 3 | 3 | 4 | 4 | 4.5 | 6 | 7 | 7 | 8 | 8.5 |
| | 不保温管 | 2.5 | 3 | 3.5 | 4 | 4.5 | 5 | 6 | 6 | 6.5 | 7 | 8 | 9.5 | 11 | 12 |

**4. 预防措施**

（1）支架的制作参见 035402 图集，结构应合理，其承载力安全可靠。

（2）较大管道，成排管道的共用支架，承载负荷应通过精确的计算，确保管道所需的承载力。

（3）支、吊架的安装固定，应视建筑物的主体结构，采用不同的固定方式，固定应牢固。

# 6.12　管道支架固定方法不当，安装不牢固

## 1. 不符合现象

管道投入使用后，支架松动变形。

## 2. 产生原因

（1）支架固定方法不正确，不符合要求。

（2）使用后受外力作用而松动，造成支架不受力。

## 3. 相关验收规范

《建筑给水排水及采暖工程施工质量验收规范》（GB 50242—2002）要求如下：

3.3.7　管道支、吊、托架的安装，应符合下列规定：

1. 位置正确，埋设应平整牢固。

2. 固定支架与管道接触应紧密，固定应牢靠。

3. 滑动支架应灵活，滑托与滑槽两侧间应留有 3～5mm 的间隙，纵向移动量应符合设计要求。

4. 无热伸长管道的吊架、吊杆应垂直安装。

5. 有热伸长管道的吊架、吊杆应向热膨胀的反方向偏移。

6. 固定在建筑结构上的管道支、吊架不得影响结构的安全。

## 4. 预防措施

（1）支架的间距必须依据管径的大小，按规范的要求确定位置安装，使管子平稳的固定架设在支架上，使每幅支架都能均匀受力。

（2）有热位移的管道，管道支、吊架应在伸缩器预拉伸前安装，吊杆应倾斜，其倾斜方向与位移方向相反。无热位移的管道在使用吊架吊杆支架时，吊杆应垂直，吊杆一段套丝可调节吊杆长度。

（3）支架的安装固定应视管径的大小安装位置采用不同的支架型式，支架型式可采用"一"字型、"门"字型、"一"字斜撑型、共用支架等吊、托方式。

（4）在管道使用后发现支架松动脱落，应修整加固或重新安装。

（a）

（b）

图 6-9　管道支架平整牢固

# 6.13　砌体墙支架栽埋不符合要求

## 1. 不符合现象

管道、设备、器具投入使用后，支架不受力，达不到使用功能。

## 2. 产生原因

（1）支架的固定、栽埋方法不正确，埋设深度不够。
（2）栽埋支架内填充物不密实。
（3）砖墙采用膨胀螺栓。

## 3. 相关验收规范

《建筑给排水及采暖工程施工质量验收规范》（GB 50242—2002）要求如下：
3.3.7　管道支、吊、托架的安装，应符合下列规定：

1. 位置正确，埋设应平整牢固。

2. 管道支架与管道接触应紧密，固定应牢靠。

3. 滑动支架应灵活，滑托与滑槽两侧应留有3～5mm间隙，纵向移动量应符合设计要求。

4. 无热伸长管道的吊架、吊杆应垂直安装。

5. 有热伸长管道的吊架、吊杆应向热膨胀的反方向偏移。

6. 固定在建筑结构上的管道支、吊架不得影响结构的安全。

**4. 预防措施**

（1）支架埋入墙体的深度不小于12cm。

（2）支架栽埋不得使用干砂灰、碎砖块作填充物，且严禁使用木块挤夹支架。

（3）在支架栽埋时，孔洞内应采用细石混凝土或水泥砂浆填充孔洞，并进行捣实养护，确保支架的牢固性。

（4）砖墙禁用膨胀螺栓固定支架。若发现支架有松动脱落时，应及时进行修整加固或重新安装支架。

# 6.14 砌体墙、轻质墙支架安装不符合要求

**1. 不符合现象**

支架的固定采用膨胀螺栓，造成支架松动、脱落。

**2. 产生原因**

（1）未按图集、工艺要求加工、安装支架。

（2）对支架使用的重要性认识不够。

**3. 预防措施**

（1）砌体砖墙上的支架必须采用栽埋式的方法进行固定。

（2）砌体空心墙、轻质墙支架的固定须采用穿心钢筋夹板焊接方式，即依据支架承受的当量，对需要固定支架的墙体：圆钢一端套丝配螺母，另一端焊接一块扁钢，将套丝一端圆钢穿过墙体，用两块扁钢夹紧于墙体，然后另行制作支架焊接于墙体扁钢上。

（3）膨胀螺栓固定支架仅限于混凝土结构中的梁、柱、板墙中。

# 6.15 型钢支、吊架电气焊开孔

**1. 不符合现象**

用于固定U型卡环的型钢电气焊开孔，造成螺母紧固不牢。

**2. 产生原因**

质量意识不强，图省事。

图 6-10　电焊开孔

### 3. 预防措施

在确定出支架的型式后，依据管径卡环的圆钢直径，在型材上划线定位，使用相匹配的钻头在台钻上打孔，孔口应平整光滑。

# 6.16　管道、支架刷面漆不符合要求

### 1. 不符合现象

（1）金属管道、支架表面产生锈斑、龟裂、起皮。
（2）靠墙面及接近地面油漆漏刷。

6-11　金属管道面漆起皮，与支架接触部位未刷油

### 2. 产生原因

（1）管道支架外表面污垢、铁锈未清除干净，锈斑未铲除。
（2）防锈漆涂刷不均匀、漏刷。

### 3. 相关验收规范

《建筑给水排水及采暖工程施工质量验收规范》（GB 50242—2002）要求如下：

8.2.16　管道、金属支架和设备的防腐和涂漆应附着良好，无脱皮、起泡、流淌和漏涂缺陷。

检验方法：现场观察检查。

### 4. 预防措施

（1）焊接管、型材在使用前，应对表面脏物进行清除，锈斑、铁锈应使用钢丝刷反复擦刷，并用棉纱抹去污锈。

（2）管道型材在除锈后应及时涂刷底漆或防锈漆。

（3）工程完工后，按设计要求涂刷面漆时，刷漆均匀，浓稀度适当，沿同一方向涂刷，涂刷中用力均匀，油漆不得坠流。

（4）对于不便涂刷的靠墙、靠地面管道、支架应采用镜子反照，用小油漆刷进行刷漆，以避免油漆的漏刷。

（a）

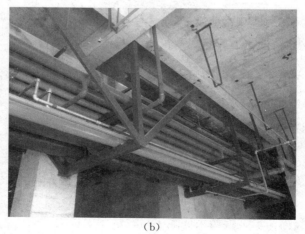

（b）

图 6-12　管道涂漆附着良好，观感好

# 6. 17　管道标识、色环不符合要求

## 1. 不符合现象

管道不易辨认、识别，后期维修困难，后续接管困难。

## 2. 产生原因

工程完工后未按规定要求刷面漆、色环，做标识。

## 3. 相关验收规范

《工业管道的基本识别色、识别符号和安全标识》（GB 7321—2003）要求如下：

八种基本识别色中：水—艳绿色，水蒸气—大红色，空气—淡灰色，气体—中黄色，酸或碱—紫色，可燃液体—棕色，其它液体—黑色，氧气—淡蓝色。

4.2　基本识别色标识方法：1. 管道全长上标识。2. 在管道上以宽 150mm 色环标识。3. 在管道上放以长方形的识别色标牌标识。4. 在管道上以带箭头的长方形识别色标识牌标识。5. 在管道上以系挂识别色标识牌标识。

## 4. 预防措施

（1）在工程施工完成后，应根据管内流动的介质、管道的用途，依据设计要求及相应的规定，对管道表面涂刷不同颜色的面漆及色环，并喷涂粘贴标识、方向、管道名称。

（2）当管道面漆不明确时，按下列要求刷漆：

给水管：绿色；排水管：黑色；空调管：蓝色；天然气管：黄色；

采暖管：银色；消防管：红色；喷淋管：橘红色。

（3）管道的色环、标识、介质方向字体工整清晰，一目了然。

图 6-13　成排管道标识